数控车工
典型工作任务

SHUKONG CHEGONG DIANXING GONGZUO RENWU

主编　蒲国林　蒋洪毅　郑家银

四川科学技术出版社

图书在版编目（CIP）数据

数控车工典型工作任务 / 蒲国林，蒋洪毅，郑家银
主编. -- 成都：四川科学技术出版社，2022.3
　　ISBN 978-7-5727-0494-9

Ⅰ.①数… Ⅱ.①蒲… ②蒋… ③郑… Ⅲ.①数控机
床—车床—车削 Ⅳ.①TG519.1

中国版本图书馆CIP数据核字（2022）第049795号

数控车工典型工作任务
SHUKONG CHEGONG DIANXING GONGZUO RENWU

主　编　蒲国林　蒋洪毅　郑家银

出 品 人　程佳月
责任编辑　戴　玲
封面设计　墨创文化
责任出版　欧晓春
出版发行　四川科学技术出版社
　　　　　成都市锦江区三色路238号　邮政编码　610023
　　　　　官方微博：http://e.weibo.com/sckjcbs
　　　　　官方微信公众号：sckjcbs
　　　　　传真：028-86361756
成品尺寸　185mm×260mm
印　　张　10
字　　数　200千
印　　刷　唐山唐文印刷有限公司
版　　次　2022年4月第一版
印　　次　2022年4月第一次印刷
定　　价　39.00元

ISBN 978-7-5727-0494-9

邮　　购：成都市锦江区三色路238号新华之星A座25层　邮政编码：610023
电　　话：028-86361758

前　言

　　本书是根据人力资源和社会保障部颁布的《数控加工专业国家技能人才培养标准及一体化课程规范（试行）》编写的。

　　坚持落实立德树人的根本任务，以学生为主体，以工学结合、知行合一育人模式，培养数控加工高技能人才。以典型工作任务为载体，通过六步法培养学生综合职业能力。

　　本书以任务驱动方式组织编写，吸收促进行业产业发展的新知识、新技术、新工艺、新方法以学生职业技能成长为主线，体现了实用性、实践性、创新性的特色。

　　本书由达州技师学院教师编写，蒲国林、蒋洪毅、郑家银担任主编。蒲国林、蒋洪毅负责教材的统筹编写，郑家银编写任务一、任务二、任务三、任务四、任务五。

　　在编写过程中，聘请了四川文理学院陈光平博士、教授参与教材的审定。同时感谢四川金恒液压有限责任公司曾雪峰工程师的技术支持。

　　由于编者水平有限，编写时间仓促，书中难免有不足之处，恳请广大读者批评指正和谅解。

编　者

2021 年 10 月

目 录

项目一 阶梯轴的数控车加工

➡ 项目要点

1. 按照数控加工车间安全防护规定，正确穿戴劳保用品，并规范使用数控车床。

2. 掌握图样分析方法，通过查阅国家标准等相关资料，编制阶梯轴零件的数控车加工工序卡。

3. 掌握阶梯轴零件的数控车加工程序，并绘制刀具路径图。

4. 应用仿真软件各项功能，完成阶梯轴零件的模拟加工，并能根据模拟测量结果完善程序。

5. 运用数控车床输入并调试阶梯轴加工程序，解决在此过程中出现的简单问题。

6. 掌握切削用量确定的方法，并适时检测，保证阶梯轴的加工精度。

7. 规范、熟练地使用常用量具，对阶梯轴零件进行检测，判断加工质量，并根据测量结果，分析误差产生的原因，提出修改意见。

8. 按照车间现场6S管理和产品工艺流程的要求，正确放置零件，整理现场、保养机床，进行产品交接并规范填写交接班记录表。

9. 主动获取有效信息，展示工作成果，对学习与工作进行反思总结，并能与他人开展合作，进行有效沟通。

➡ 建议学时

40学时

➡ 项目导入

某企业机器中的阶梯轴零件（如图1-1）因长期使用出现磨损，需要更换。加工数量为40件，工期为12天，包工包料。现生产部门委托我校数控车工组来完成此加工任务。

图1-1 阶梯轴实体图

➔ 任务分解与工作流程

1. 数控车床简单操作的认知。

2. 阶梯轴加工工艺分析。

3. 阶梯轴的程序编制。

4. 阶梯轴的数控车加工。

5. 阶梯轴的检验与质量分析。

6. 工作总结与评价。

任务1 数控车床简单操作的认知

➡ 任务目标

1. 了解数控车床的组成、结构、功能，指出数控车床面板各部分的名称和作用。
2. 通过教师示范操作、讲解，掌握数控车床的基本操作方法。
3. 将编制好的加工程序，正确输入数控车床，并进行加工程序的修改。
4. 根据管理规定要求，对数控设备进行日常维护和保养。

建议学时：4学时

➡ 学习过程

一、认识数控车床

数控车床（图1-2）是目前使用最广泛的数控机床之一。数控车床的种类很多，主要用于加工轴类、盘类等回转体零件。在老师的带领下参观数控车床，参观过程中，认真仔细地观察数控车床加工过程，比较数控车床与普通车床的不同之处，深入了解数控车床加工的内容、加工特点、数控车床种类等基本知识，同时体验数控车床加工的工作氛围，为进一步学习数控车床的操作做准备。

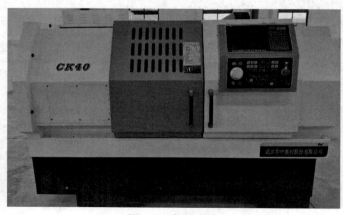

图1-2 数控车床

1. 与普通机床相比，数控机床主要具有哪些特点？可以运用数控车床加工的零件具有哪些特点？

2. 如今数控系统的种类及规格繁多，试查阅资料，列出常用数控车床系统的品牌、型号及市场价格。目前，国内主流的数控车床系统有哪些？观察本校使用的数控车床系统是什么型号？

二、认识数控车床面板

不同类型的数控车床配备的数控系统不尽相同，面板功能和布局也各不一样，在操作设备前，要仔细阅读编程与操作说明书，了解数控车床面板上各功能键的名称和功能。图1-3所示为 FANUC Oi 系统的数控车床面板，它由数控系统操作面板和机床操作面板两部分组成。

(a) 数控系统操作面板

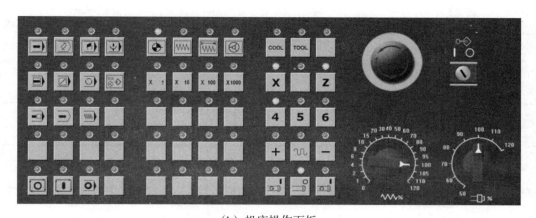

（b）机床操作面板

图1-3　典型的FANUC Oi系统数控车床面板

1. 认识数控系统操作面板

（1）查阅编程与操作说明书，认识FANUC Oi数控系统操作面板上各按键的名称及功能，并填在表1-1中。

表1-1　FANUC Oi数控系统操作面板上各按键的名称及功能

功能键图标	名称	功能说明
EOB E		
POS		
PROG		
OFFSET SETTING		
SHIFT		
CAN		

续表

功能键图标	名称	功能说明
INPUT		
SYSTEM		
MESSAGE		
CUSTOM GRAPH		
ALTER		
INSERT		
DELETE		
HELP		
RESET		
PAGE ↑ PAGE ↓		
← ↑ ↓ →		
[绝对][相对][综合][ ][操作]		

（2）参观数控加工生产现场时，仔细观察本校采用的是不是 FANUC Oi 数控系统。如果不是，查阅相关资料，在表 1-2 中列写出本校所用数控系统操作面板上各按键的名称及功能。（可另附页）

表1-2　数控系统操作面板上各按键的名称及功能

功能键图标	名称	功能说明

2. 认识机床操作面板

（1）仔细阅读编程与操作说明书，说明图1-4所示FANUC Oi数控系统机床操作面板上各键的名称及功能，并填在表1-3中。

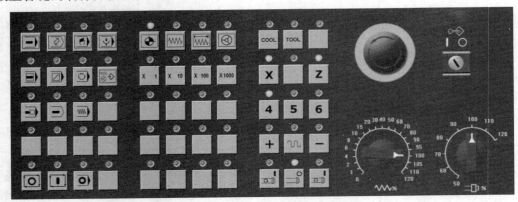

图1-4　FANUC Oi数控系统机床操作面板

表1-3　FANUC Oi数控系统机床操作面板上各按键的名称及功能

功能键图标	名称	功能说明

功能键图标	名称	功能说明

三、数控车床基本操作

1. 数控车床刀具选择的依据有哪些?

2. 在数控加工过程中，除了必须严格保证零件的加工质量外，还应该注意哪些方面？

3. 操作数控车床是一个系统过程，主要包括开机回零、工件与刀具的装夹、对刀、程序输入、空运行模拟、零件加工、测量补偿、保养机床等，熟练掌握上述基本操作方法是数控操作工的必备技能。在教师的指导下，认真学习数控车床的基本操作，并完成表1-4。

表1-4　数控车床基本操作内容及具体步骤

基本操作内容	操作步骤	注意事项
开机回零		
装两把刀 （外圆车刀、切断刀）		
对两把刀 （外圆车刀、切断刀）		
建立新程序 （O××××）		
机床空运行模拟		

4. 操作练习

（1）在手动（JOG）切削状态下，车削加工图1-5所示的简单零件（车削时以每次直径方向1 mm来逐次练习），工件材料为 ϕ50 mm×80 mm铝棒，完成后回答以下问题。

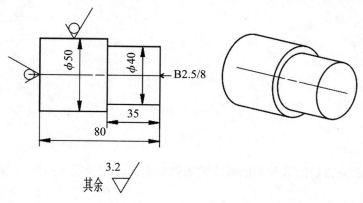

图1-5　简单零件图

①在车削过程中，若工件往三爪卡盘方向退缩，试分析产生这种现象的原因并说明预防措施。

②在车削过程中，若外圆车刀产生歪斜，试分析原因并说明防止措施。

③如果零件外圆尺寸精度为±0.2mm，应用什么量具来测量？当测量零件外圆尺寸 ϕ40mm 为 ϕ40.25mm时，应如何处理？

（2）将修改完善后的数控车削程序输入数控车床，记录输入过程中遇到的问题。

任务2 阶梯轴加工工艺分析

➡ 任务目标

1. 描述数控车削适合加工的零件类型、加工所用刀具类型及其适用场合。
2. 掌握零件图样分析方法。
3. 掌握阶梯轴切削用量的确定方法。
4. 制订阶梯轴数控加工工艺路线。
5. 应用笛卡儿坐标系判别数控车床的各控制轴及方向。
6. 描述工件坐标系与机床坐标系的关系，并正确建立工件坐标系。

建议学时：8学时

➡ 学习过程

一、知识储备

1. 制作轴类零件一般选用哪个牌号的钢？

2. 本任务阶梯轴采用45钢为制作材料，请查阅资料，说明45钢的硬度要求，是否需要进行表面热处理？

3. 查阅资料，回答以下问题。

（1）数控车削适合加工的零件类型：

（2）数控车削用刀具的主要类型及其适用场合：

（3）数控车床加工的主要过程：

4. 本生产任务工期为12天，试依据任务要求，制订合理的工作进度计划，并根据小组成员的特点进行分工（表1-5）。

表1-5　工作进度计划表

序号	工作内容	时间	成员	负责人
1	工艺分析			
2	编制程序			
3	程序检验			
4	车削加工			
5	成品检验与质量分析			

二、图样分析

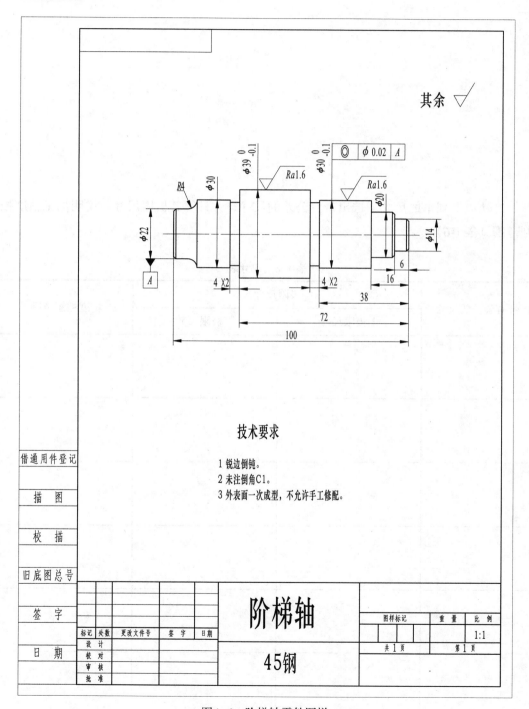

图1-6　阶梯轴零件图样

1. 分析图1-6零件图样，写出零件加工的主要尺寸，如何保证加工出这些尺寸？然后进行相应的尺寸公差计算，为零件的编程做准备。

2. 从以上列举的尺寸中选出带有公差的尺寸，并计算其极限尺寸，说明加工精度控制范围（表1-6）。

表1-6　尺寸表

带有公差的尺寸	极限尺寸		精度控制范围
	上极限尺寸	下极限尺寸	

3. 零件图对外圆面有同轴度要求（ 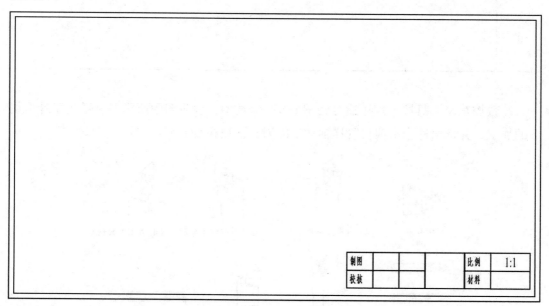 ），可以采取哪些工艺措施来保证?

4. 本零件为带有退刀槽的阶梯轴，请说明退刀槽的作用及加工要求。

5. 试结合普通车床加工经验合理确定毛坯尺寸，并在图1-7空白图纸上绘制毛坯图样。

制图			比例	1:1
校核			材料	

图1-7　零件毛坯图样

三、刀具选择与工艺制订

1. 根据阶梯轴零件图样，将阶梯轴加工步骤填在表1-7中。

表1-7   阶梯轴加工步骤

序号	加工内容
1	
2	
3	
4	

2. 数控车床刀具按车削用途分为图1-8所示类型，说明图中所示刀具适用于什么场合的加工，并选出适合本项目阶梯轴加工的刀具，填在表1-8中。

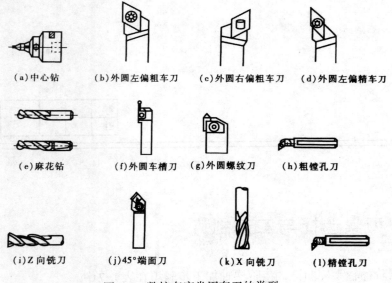

(a)中心钻   (b)外圆左偏粗车刀   (c)外圆右偏粗车刀   (d)外圆左偏精车刀

(e)麻花钻   (f)外圆车槽刀   (g)外圆螺纹刀   (h)粗镗孔刀

(i)Z向铣刀   (j)45°端面刀   (k)X向铣刀   (l)精镗孔刀

图1-8   数控车床常用车刀的类型

表1-8　阶梯轴加工的车削刀具卡

产品名称或代号			零件名称		零件图号	
刀具号	加工内容		刀具名称	刀片型号	刀尖半径/mm	刀具规格/mm·mm
编制		审核	批准		第　页	共　页

3.根据以上有关零件加工工艺分析，试回顾确定数控车削零件加工工艺路线的方法。

4.根据普通车床加工经验，小组进行讨论并填写阶梯轴数控车加工工艺卡（表1-9）。

数控车工典型工作任务
SHUKONGCHEGONG DIANXING GONGZUO RENWU

表 1-9　阶梯轴数控车加工工艺卡

单位名称		产品名称或代号		零件名称		零件图号	
工序号		程序编号		夹具名称		使用设备	车间
工步号	工步内容	刀具号	刀具规格 /mm	主轴转速 /(r·min⁻¹)	进给速度 /(mm·min⁻¹)	背吃刀量 /mm	备注
1							
2							
3							
4							
5							
6							
7							
编制		审核		批准		共　页	第　页

任务3　阶梯轴的程序编制

➜ 任务目标

1. 应用笛卡儿坐标系判别数控车床的各控制轴及方向。
2. 描述工件坐标系与机床坐标系的关系，并正确建立工件坐标系。
3. 掌握数控编程的数学处理方法。
4. 掌握数控车编程指令。

建议学时：8学时

➜ 学习过程

1. 为了能够准确确定数控车床上运动部件的移动方向和距离，数控编程与操作离不开建立正确的坐标系。查阅资料，学习有关机床坐标系及坐标轴方向的内容，并回答下列问题。

（1）为了确定机床的运动方向、移动距离，就要在机床上建立一个坐标系，即机床坐标系。在编制程序时，就可以以该坐标系来规定运动方向和距离。数控机床坐标系采用符合右手定则规定的笛卡儿坐标系（见图1-9），其中三根手指指向对应轴的方向分别是什么？

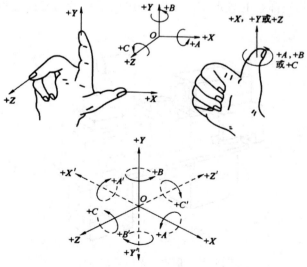

图1-9　笛卡儿坐标系

①大拇指指向：

②食指指向：

③中指指向：

（2）根据笛卡儿坐标系的规定，画出图1-10所示前置刀架式数控车床的 Z 轴与 X 轴方向。

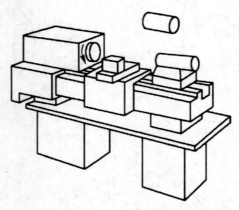

图1-10　前置刀架式数控车床

（3）根据笛卡儿坐标系规定，画出图 1-11 所示后置刀架式数控车床的 Z 轴与 X 轴方向。

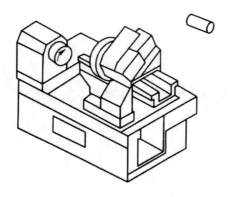

图 1-11 后置刀架式数控车床

2. 数控车床的机床原点、机床参考点（见图 1-12），是数控车床编程与加工中非常重要的概念。开机时，必须先确定机床原点，而确定机床原点的运动就是刀架返回参考点的操作。这样，通过确认参考点就确定了机床原点。只有机床原点被确认后，刀具（或工作台）移动才有基准。查阅资料回答以下问题。

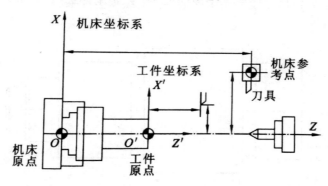

图 1-12 数控车床的机床原点与机床参考点

（1）请描述机床原点的概念及选取原则。

（2）请描述机床参考点的概念及选取原则。

（3）在数控车加工前是否需要确定机床参考点？为什么？

3.工件坐标系原点位置是在工件装夹完毕后通过对刀来保证的，用以确定刀具和程序起点。编程坐标系是由编程人员根据零件图样及加工工艺要求确定的，其主要目的是为了编程计算方便、机床调整方便。在数控车加工中，以上两个坐标系一般是重合的。查阅相关资料，在图1-13中绘制出阶梯轴零件的编程坐标系。

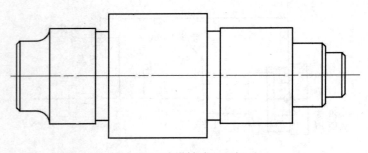

图1-13　阶梯轴编程坐标系

4.查阅资料，结合自己所学的数控知识，回答以下问题。

（1）数控程序编制的步骤：

（2）加工程序由哪些部分组成？

5. 为完成阶梯轴加工，首先要做好零件加工程序的编制。为掌握程序的编制，补全表1-10。

表1-10　数控车削常用编程指令

指令	格式	注释
快速点定位		
直线插补		
圆弧插补		
建立工件坐标系		
主轴正转/反转		
主轴停转		
走刀量单位设定		
尺寸单位设置		
恒线速设置		
暂停		
子程序调用/返回		
程序结束		

6. 查阅资料，学习坐标点移动的几种编程方式，请完成图1-14中从A点运动到B点的绝对编程、增量编程及混合编程。

绝对编程：

增量编程：

混合编程：

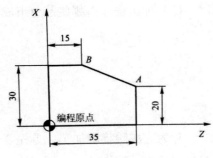

图1-14 绝对和增量编程

7. 根据阶梯轴零件图样及此前的学习，编制零件数控车加工程序，填入表1-11或表1-12中。

（1）零件右端加工程序

表1-11 程序方案一

程序段号	阶梯轴	O0001
	加工程序	程序说明

程序段号	阶梯轴	O0001
	加工程序	程序说明

（2）零件左端加工程序

表1-12　程序方案二

程序段号	阶梯轴	O0002
	加工程序	程序说明

续表

程序段号	阶梯轴	O0002
	加工程序	程序说明

任务4　阶梯轴的数控车加工

➡ 任务目标

1. 根据阶梯轴零件图样，查阅相关资料，确定符合加工要求的工、量、夹具及辅件。

2. 熟练运用数控车床上的编辑、修改和替代功能调试台阶轴加工程序，并能解决在此过程中出现的简单报警。

3. 描述切削液的种类和应用场合，正确选择本次任务所需的切削液。

4. 在阶梯轴加工过程中，严格按照数控车床操作规程操作机床。

5. 根据切削状态调整切削用量，保证正常切削，并适时检测，保证阶梯轴加工精度。

6. 在教师的指导下解决数控加工中出现的常见问题。

7. 按车间现场6S管理和产品工艺流程的要求，正确放置阶梯轴零件并进行质量检验和确认。

8. 按产品工艺流程和车间管理规定，正确规范地保养机床，进行产品交接并规范填写交接班记录表。

建议学时：10学时

➡ 学习过程

一、加工准备

1. 领取工、量、刃具并完成表1-13。

表1-13   工、量、刃具清单

序号	名称	规格	数量	备注
1				
2				
3				
4				
5				
6				
7				
8				
9				
10				
11				
12				
13				
14				
15				

2. 对刀正确与否将直接影响数控车床的正常运行, 对刀操作的准确性将直接影响到加工零件的尺寸精度。因此, 作为数控车操作人员必须掌握对刀的正确操作方法及相关内容。

(1) 如图1-15中为数控车刀刀位点, 请解释数控车刀的刀位点, 并说明如何确定刀位点。

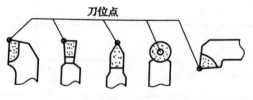

图1-15   数控车刀刀位点

（2）常用的对刀方法有哪些？各有何特点？

（3）刀位点、对刀点、换刀点三个点有什么区别？

3. 要实现阶梯轴的自动加工，首先要输入已编制好的阶梯轴数控车削程序，并校验是否有误。程序输入后应进行程序校验。如何进行程序校验？主要校验哪些方面？

二、零件加工

1. 按照数控车床操作安全规程检查各项均符合要求后，送电开机。

2. 按正确操作顺序，进行回机床参考点操作。

3. 正确装夹工件，并对其进行找正。

4. 正确装夹刀具，确保刀具牢固可靠，并设定主轴转速（500r/min）。

5. 对刀。

表1-14　对刀流程记录表

对刀次数	X 对刀数据	Z 对刀数据
第1次		
第2次		
第3次		

对刀数据有区别的原因：

6. 程序输入与校验。

（1）输入已编制好的阶梯轴数控车削程序，利用数控车床的模拟检验功能判断加工程序的对错，小组讨论修改并完善零件加工程序，以提高加工效率。

（2）将程序输入时产生的报警号及相关内容记录到表1-15中，并说明产生报警的原因及解决办法。

表1-15　报警内容记录表

报警号	报警原因	解决办法

7. 自动加工。

（1）为了保证零件的加工精度，在粗加工后应检测零件各部分的尺寸，记录并确定补偿值。

表1-16　测量数据及补偿数据

序号	直径测量数据	补偿数据 （X轴磨耗）	长度测量数据	补偿数据 （Z轴磨耗）

（2）加工中注意观察刀具切削情况，记录加工中不合理的因素，以便于纠正，提高工作效率（如切削用量、加工路径是否合理，刀具是否有干涉等）。

表1-17　阶梯轴加工中遇到的问题记录

问题	产生原因	预防措施或改进方法

三、保养机床、清理场地

加工完毕后，按照图样要求进行自检，正确放置零件，并进行产品交接确认；按照国家环保相关规定和车间要求整理现场，清扫切屑，保养机床，并正确处置废油液等废弃物；按车间规定填写交接班记录和设备日常保养记录卡（见附表）。

任务5　阶梯轴的检验与质量分析

🡒 学习目标

1. 根据阶梯轴图样，合理选择检验工具和量具。
2. 正确规范地使用工、量具对阶梯轴进行检验，并对工、量具进行保养和维护。
3. 根据阶梯轴的测量结果，分析误差产生的原因，并提出修改意见。
4. 按检验室管理要求，正确放置检验用工、量具。

建议学时：6学时

🡒 学习过程

一、明确测量要素，领取检测用工、量具

1. 阶梯轴上有哪些要素需要测量？

2. 根据阶梯轴需要测量的要素，写出检测阶梯轴所需工、量具，并填入表1-18中。

表1-18　检测阶梯轴所需工、量具

序号	名称	规格(精度)	检测内容	备注
1				
2				
3				
4				
5				
6				
7				

二、检测零件，填写阶梯轴零件质量检验单

1. 根据图样要求，自检阶梯轴零件并完成质量检验单。

表1-19 阶梯轴零件质量检验单

项目	序号	内容	检测结果	结论
外圆	1	$\phi 39^{0}_{-0.1}$mm		
	2	$\phi 30^{0}_{-0.1}$mm		
	3	$\phi 30$mm		
	4	$\phi 28$mm		
	5	$\phi 22$mm		
	6	$\phi 20$mm		
	7	$\phi 14$mm		
长度	8	（100±0.3）mm		
	9	72mm		
	10	38mm		
	11	16mm		
	12	6mm		
	13	4mm		
圆弧	14	$R4$mm		
同轴度	15	◎ $\varnothing 0.02$ A		
表面质量	16	$Ra1.6$μm（2处）		
	17	$Ra6.3$μm（其余）		
倒角	18	C1mm		
阶梯轴检测结论				
产生不合格品的情况分析				

2. 案例分析 1：测得阶梯轴外圆尺寸 $\phi 39^{0}_{-0.1}$mm 为 $\phi 0.39.3$mm 或 $\phi 0.38.8$mm，分析外圆尺寸 $\phi 39^{0}_{-0.1}$mm 偏大或偏小的原因，并判断零件能否返修。若能，提出返修方案。

3. 案例分析 2：测得阶梯轴长度尺寸（100±0.3）mm 为 100.2mm 或 99.7mm，分析产生误差的原因，并判断零件能否返修。若能，提出返修方案。

三、提出工艺方案修改意见

对不合格项目进行分析，小组讨论提出工艺方案修改意见，并记录在表 1-20 中。

表 1-20　不合格项目分析表

不合格项目	产生原因	修改意见
尺寸不对		
圆弧曲线误差		
同轴度误差		
表面粗糙度达不到要求		

任务6 工作总结与评价

➜ 任务目标

1.按照阶梯轴加工综合评价表完成自评。

2.按分组情况，分别派代表展示工作成果，说明本次任务的完成情况，并作分析总结。

3.结合自身任务完成情况，正确规范地撰写工作总结（心得体会）。

4.就本次任务中出现的问题，提出改进措施。

5.对学习与工作进行反思总结，并能与他人开展良好合作，进行有效沟通。

6.举一反三，完成同类型零件的数控车加工。

建议学时：4学时

➜ 学习过程

一、自我评价

表1-21 阶梯轴加工综合评价表

工件编号：_____   总得分：_____

项目	序号	技术要求	配分	评分标准	检测记录	得分
仿真过程（10%）	1	仿真软件操作正确	4	熟练程度		
	2	模拟加工设置正确	3	酌情扣分		
	3	程序输入	3	酌情扣分		
机床操作（20%）	4	正确开启机床、检查	4	不正确、不合理无分		
	5	机床返回参考点	4	不正确、不合理无分		
	6	程序的输入及修改	4	不正确、不合理无分		
	7	程序空运行轨迹检查	4	不正确、不合理无分		
	8	对刀的方式、方法	4	不正确、不合理无分		

续表

项目	序号	技术要求	配分	评分标准	检测记录	得分
程序与工艺（20%）	9	程序格式规范	5	不合格每处扣2分		
	10	程序正确、完整	8	不合格每处扣2分		
	11	工艺合理	7	不合格每处扣1分		
零件质量（40%）	12	$\phi 39^{0}_{-0.1}$mm	3	超差不得分		
	13	$\phi 30^{0}_{-0.1}$mm	3	超差不得分		
	14	$\phi 30$mm	3	超差不得分		
	15	$\phi 28$mm	2	超差不得分		
	16	$\phi 22$mm	3	超差不得分		
	17	$\phi 20$mm	2	超差不得分		
	18	$\phi 14$mm	2	超差不得分		
	19	（100±0.3）mm	2	超差不得分		
	20	72mm	2	超差不得分		
	21	38mm	3	超差不得分		
	22	16mm	3	超差不得分		
	23	6mm	3	超差不得分		
	24	4mm	2	超差不得分		
	25	◎ ⌀0.02 A	3	超差不得分		
	26	Ra1.6μm（2处）	1	降级不得分		
	27	Ra6.3μm（其余）	1	降级不得分		
	28	C1mm	2	超差不得分		
安全文明生产（10%）	29	安全操作	5	不按规程操作全扣		
	30	机床清理	5	不合格全扣		
总分			100			

二、项目检测

1. 刀位点是刀具上的一点，车刀刀尖带圆弧时刀位点是_____。

2. CNC车床的进给速度单位包括_____、_____。

3. 数控加工工艺的特点有_____、_____、_____、

_____。

4. 在数控机床上装夹工件，当工件批量不大时，应尽量采用_____夹具。

5. 选择加工表面的设计基准为定位基准的原则称为_____原则。

6. 如图1-16所示工件，已知材料为LY12，毛坯为$\phi110$的棒料，毛坯左右端面已加工完成。请分析该零件的加工工艺，并编写加工程序。要求：

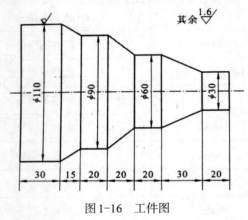

图1-16　工件图

（1）确定合适的刀具、切削用量及工件的装夹方案。

（2）合理绘制走刀路线并标注出走刀路线中各转折点的点位坐标，包括进退刀路线与切削路线。

（3）编写数控程序。

三、教师评价

教师对展示的作品分别作评价。

1. 找出各组的优点进行点评。

2. 对展示过程中各组的缺点进行点评，提出改进方法。

3. 对整个任务完成中出现的亮点和不足进行点评。

四、总结提升

1. 回顾数控车削加工阶梯轴的工作过程，总结数控车削加工零件的机床操作过程。

2.试结合自身任务完成情况，通过交流讨论等方式较全面规范地撰写本次任务的工作总结。

工作总结（心得体会）

_____

_____

_____

_____

_____

_____

_____

_____

_____

_____

_____

_____

评价与分析

项目一评价表

班级：_____   姓名：_____   学号：_____

项目	自我评价 占总评10%			小组评价 占总评30%			教师评价 占总评60%		
	9~10	6~8	1~5	9~10	6~8	1~5	9~10	6~8	1~5
任务1									
任务2									
任务3									
任务4									
表达能力									
协作精神									
纪律观念									
工作态度									
分析能力									
操作规范性									
任务总体表现									
小计									
总评									

任课教师：_____   年   月   日

项目二　螺纹轴的数控车加工

🢂 项目要点

1. 掌握螺纹参数的计算。

2. 根据螺纹轴零件图样，正确编制螺纹轴零件的数控车加工工序卡。

3. 在进行编程前，能正确完成数学处理。

4. 编制螺纹轴零件的数控车加工程序，并绘制刀具路径图。

5. 熟练应用仿真软件完成螺纹轴零件的模拟加工，并能根据模拟测量结果完善程序。

6. 根据螺纹轴零件图样，查阅相关资料，确定符合加工技术要求的工、量、夹具和辅件。

7. 应用数控车床的模拟检验功能，检查程序编写中的错误，并对程序进行优化改进。

8. 正确装夹需要的刀具，并在数控车床上实现规范对刀。

9. 根据切削状态调整切削用量，保证正常切削，并适时检测，保证螺纹轴加工精度。

10. 独立完成螺纹轴零件的数控车加工任务，并在教师的指导下解决加工中出现的常见问题。

11. 对螺纹轴零件进行检测，判断加工质量，分析误差产生的原因，提出修改意见。

12. 按车间现场6S管理和产品工艺流程的要求，规范操作。

13. 主动获取有效信息，展示工作成果，对学习与工作进行反思总结，并能与他人开展良好合作，进行有效的沟通。

🢂 建议学时

35学时

🢂 项目导入

某企业设计的一款新型设备的生产，需要一批螺纹轴零件，数量为30件，要求在

10天内完成，包工包料。现生产部门委托我校数控车工组来承接此加工任务。

图2-1 螺纹轴实体图

➡️ 任务分解与工作流程

1. 螺纹轴加工工艺分析。
2. 螺纹轴的程序编制。
3. 螺纹轴的数控车加工。
4. 螺纹轴的检验与质量分析。
5. 工作总结与评价。

任务1　螺纹轴加工工艺分析

➲ 任务目标

1. 掌握螺纹参数计算。

2. 根据相关信息正确选择刀具及其几何参数，并确定加工的切削用量。

3. 根据零件图样，正确编制螺纹轴零件的数控车加工工序卡。

4. 编制螺纹轴零件的数控车加工程序，并绘制刀具路径图。

建议学时：7学时

➲ 学习过程

一、知识储备

1. 查阅螺纹轴相关资料，了解相关螺纹术语，并解释以下几个术语。

（1）螺纹牙形、牙形角和牙形高度。

（2）螺纹直径和导程。

2. 本生产任务工期为10天，试依据任务要求，制订合理的工作进度计划，并根据小组成员的特点进行分工。

表 2-1　工作进度计划表

序号	工作内容	时间	成员	负责人
1	工艺分析			
2	编制程序			
3	程序检验			
4	车削加工			
5	成品检验与质量分析			

二、图样分析

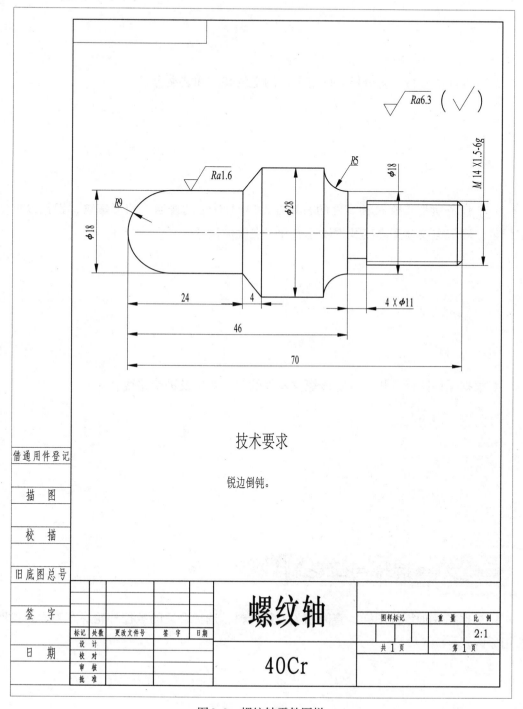

$\sqrt{Ra6.3}$ ($\sqrt{}$)

$Ra1.6$

$R9$

$\phi18$

$\phi28$

$R5$

$\phi18$

$M\,14\times1.5\text{-}6g$

24

4

$4\times\phi11$

46

70

技术要求

锐边倒钝。

借通用件登记					螺纹轴		图样标记		重量	比例
描　图										2:1
校　描							共1页		第1页	
旧底图总号										
签　字										
	标记	处数	更改文件号	签字	日期					
日　期	设　计					40Cr				
	校　对									
	审　核									
	批　准									

图2-2　螺纹轴零件图样

047

1.本任务所加工的螺纹轴零件应选择什么尺寸的毛坯?

2. 对零件图进行工艺分析，确定零件的定位基准和装夹方式。

3. 本任务所加工螺纹轴零件的右端是 $M14×1.5-6g$ 的普通三角形螺纹，根据以上知识积累，确定螺纹牙型高度及螺纹起点和终点轴向尺寸。

4. 根据零件图样分析，确定该螺纹零件的加工顺序及进给路线。

三、刀具选择与工艺制订

1. 根据螺纹轴零件图样，查阅相关刀具资料，选择合适的数控外轮廓车刀，并说明选用原因。

2. 本任务中，螺纹轴零件的退刀槽需要用右手车刀槽还是左手车刀槽加工，请说明原因。

3. 本任务中，螺纹轴零件的三角形螺纹需要用右手螺纹车刀还是左手螺纹车刀加工? 并说明原因。

4. 通过观看数控车加工的教学视频或者查阅资料，计算需要几刀才能车削至螺纹牙深，每一刀的背吃刀量是多少。

5. 根据上述分析，完成表2-2螺纹轴加工的车削刀具卡。

表2-2 螺纹轴加工的车削刀具卡

产品名称或代号		零件名称		零件图号	
刀具号	加工内容	刀具名称	刀片型号	刀尖半径 /mm	刀具规格 /(mm·mm)
编制	审核		批准	第 页	共 页

6. 确定螺纹轴零件的定位基准，合理拟定零件加工的工艺路线并在图2-3中绘出。

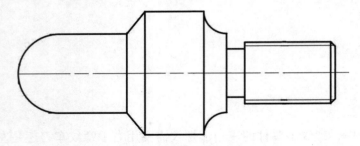

图2-3　螺纹轴零件加工工艺路线

7. 根据自己设计的工艺路线和前面填写的刀具卡，完成表2-3中螺纹轴数控车加工工序卡。

表2-3　螺纹轴数控车加工工序卡

单位名称		产品名称或代号		零件名称		零件图号	
工序号	程序编号	夹具名称		使用设备		车间	
工步号	工步内容	刀具号	刀具规格/mm	主轴转速/(r·min⁻¹)	进给速度/(mm·min⁻¹)	背吃刀量/mm	备注
1							
2							
3							
4							
5							
6							
7							
编制		审核	批准			共　页	第　页

任务2 螺纹轴的程序编制

➜ 任务目标

1. 对螺纹轴零件进行编程前的数学处理。
2. 描述工件坐标系与机床坐标系的关系，并正确建立工件坐标系。
3. 掌握螺纹轴数控车编程指令。

建议学时：8学时

➜ 学习过程

1. 查阅资料，请写出螺纹大径尺寸和螺纹总切削深度的计算公式。

2. 了解三角螺纹车刀螺纹常用指令，并补全表2-4的信息。

表2-4　三角螺纹车刀螺纹常用指令

序号	指令名称	指令格式	指令内容描述
1	等螺距螺纹切削指令G32		
2		G92 X(U)____Z(W)___R___F(I)	
3	螺纹切削复合循环指令G76		

3. 请简述问题2中三类指令的应用范围。

4. 在图2-4中绘制出螺纹轴编程坐标系，并标出编程原点。

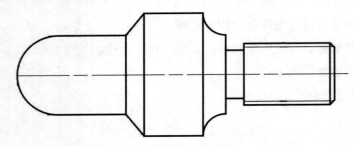

图2-4　螺纹轴编程坐标系

5. 根据阶梯轴零件图样及此前的学习，编制零件数控车加工程序，填入表2-5或表2-6中。

（1）零件右端加工程序

表2-5　程序方案一

程序段号	螺纹轴	O0001
	加工程序	程序说明

程序段号	螺纹轴	O0001
	加工程序	程序说明

（2）零件左端加工程序

表2-6　程序方案二

程序段号	螺纹轴	O0002
	加工程序	程序说明

程序段号	螺纹轴	O0002
	加工程序	程序说明

任务3　螺纹轴的数控车加工

➡ 学习目标

1. 正确确定工、量、夹具和辅件。

2. 正确对装夹工件进行找正。

3. 正确装夹刀具，并实现规范对刀。

4. 正确选择所需切削液。

5. 在螺纹轴加工过程中，严格按照数控车床操作规程操作机床。

6. 根据切削状态调整切削用量，保证正常切削，并适时检测，保证螺纹轴加工精度。

7. 在教师的指导下解决加工中出现的常见问题。

8. 按车间现场6S管理和产品工艺流程的要求，正确放置零件并进行质量检验和确认。

9. 按产品工艺流程和车间管理规定，正确规范地保养机床，进行产品交接并规范填写交接班记录表。

建议学时：10学时

➡ 学习过程

一、加工准备

1. 领取工、量、刃具

填写工、量、刃具清单，并领取工、量、刃具。

表2-7　工、量、刃具清单

序号	名称	规格	数量	备注
1				
2				
3				
4				
5				
6				
7				
8				
9				
10				

2. 领取毛坯料

领取并测量毛坯外形尺寸，判断毛坯是否有足够的加工余量。

3. 选择切削液

根据加工对象及所用刀具，选择本次加工所用切削液。

（1）由于伺服系统的滞后，在螺纹切削的开始和结束部分，螺纹导程会发生改变，为保证螺纹精度，请确定升速段和降速段的距离。

（2）数控车床上螺纹切削一般有直进法和斜进法两种进刀方式，如图2-5所示，请根据本任务的图样分析确定适合的进刀方式。

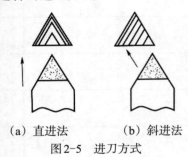

（a）直进法　　　（b）斜进法

图2-5　进刀方式

二、零件加工

1. 按照数控车床操作安全规程检查各项均符合要求后，送电开机。

2. 按正确操作顺序，进行回机床参考点操作。

3. 正确装夹工件，并对其进行找正。

4. 正确装夹刀具，确保刀具牢固可靠，并设定主轴手动转速。

5. 对刀。

6. 程序输入与校验

（1）输入并调试螺纹轴数控车削加工程序。

（2）记录程序输入时产生的报警号，并说明产生报警的原因及解决办法。

表2-8　报警内容记录表

报警号	报警内容	报警原因	解决办法

7. 在螺纹加工中，主轴转速不一致会导致什么后果？可以用什么办法预防？

8. 自动加工

（1）加工中注意观察刀具切削情况，记录加工中不合理的因素，以便于纠正，提高工作效率（如切削用量、加工路径是否合理，刀具是否有干涉等）。

表2-9　螺纹轴加工中遇到的问题

问题	产生原因	预防措施或改进方法

（2）切槽刀有两个刀位点，对刀一般选哪个刀位点作为对刀基准？

三、保养机床、清理场地

　　加工完毕后，按照图样要求进行自检，正确放置零件，并进行产品交接确认；按照国家环保相关规定和车间要求整理现场，清扫切屑，保养机床，并正确处置废油液等废弃物；按车间规定填写交接班记录和设备日常保养记录卡（见附表）。

任务4　螺纹轴的检验与质量分析

➡ 学习目标

1.根据零件图样分析，合理选择检验工具和量具，确定检测方法。

2.正确规范地使用工、量具对螺纹轴进行检验，并对工、量具进行保养和维护。

3.根据零件的测量结果，分析误差产生的原因，并提出修改意见。

4.按检验室管理要求，正确放置检验用工、量具。

建议学时：6学时

➡ 学习过程

一、明确测量要素，领取检测用工、量具

1.螺纹轴零件上有哪些要素需要测量？

2.根据螺纹轴需要测量的要素，写出检测螺纹轴所需工、量具，并填入表中。

表2-10　检测螺纹轴所需工、量具

序号	名称	规格（精度）	检测内容	备注
1				
2				
3				
4				
5				
6				
7				

二、检测零件，填写螺纹轴零件质量检验单

1. 根据图样要求，自检螺纹轴零件并完成质量检验单。

表2-11　螺纹轴零件质量检验单

项目	序号	内容	检测结果	结论
外圆	1	ϕ28mm		
	2	ϕ18mm（两处）		
	3	ϕ11mm		
螺纹	4	M15×1.5—6g		
圆弧	5	R5mm		
长度	6	70mm		
	7	46mm		
	8	24mm		
	9	4mm（两处）		
球面	10	SR9mm		
表面质量	11	Ra1.6μm		
倒角	12	C1mm		
螺纹轴检测结论				
产生不合格品的情况分析				

三、提出工艺方案修改意见

对不合格项目进行分析，小组讨论提出工艺方案修改意见，并记录在表2-12中。

表2-12 不合格项目分析表

不合格项目	产生原因	修改意见
螺纹牙顶过尖		
螺纹牙顶过平		
螺纹牙形半角不正确		
表面粗糙度达不到要求		
螺距误差		

任务5　工作总结与评价

➔ 学习目标

1. 按照螺纹轴加工综合评价表完成自评。
2. 按分组情况，分别派代表展示工作成果，说明本次任务的完成情况，并作分析总结。
3. 结合自身任务完成情况，正确规范地撰写工作总结。
4. 就本次任务中出现的问题，提出改进措施。
5. 对学习与工作进行反思总结，并能与他人开展良好合作，进行有效沟通。
6. 举一反三，完成同类型零件的数控车加工。

建议学时：4学时

➔ 学习过程

一、自我评价

表2-13　螺纹轴加工综合评价表

工件编号：＿＿＿＿＿＿＿＿　　　　　　　　　　　　　　　　总得分：＿＿＿＿＿＿＿＿

项目	序号	技术要求	配分	评分标准	检测记录	得分
仿真过程（10%）	1	仿真软件操作正确	4	熟练程度		
	2	模拟加工设置正确	3	酌情扣分		
	3	程序输入	3	酌情扣分		
机床操作（20%）	4	正确开启机床、检查	4	不正确、不合理无分		
	5	机床返回参考点	4	不正确、不合理无分		
	6	程序的输入及修改	4	不正确、不合理无分		
	7	程序空运行轨迹检查	4	不正确、不合理无分		
	8	对刀的方式、方法	4	不正确、不合理无分		

续表

项目	序号	技术要求	配分	评分标准	检测记录	得分
程序与工艺（20%）	9	程序格式规范	5	不合格每处扣2分		
	10	程序正确、完整	8	不合格每处扣2分		
	11	工艺合理	7	不合格每处扣1分		
零件质量（40%）	12	$\phi 28mm$	4	超差不得分		
	13	$\phi 18mm$（两处）	5	超差不得分		
	14	$\phi 11mm$	4	超差不得分		
	15	$M15\times1.5$—6g	4	超差不得分		
	16	$SR9mm$	5	超差不得分		
	17	$R5mm$	3	超差不得分		
	18	70mm	3	超差不得分		
	19	46mm	2	超差不得分		
	20	24mm	2	超差不得分		
	21	4mm（两处）	5	超差不得分		
	22	$Ra1.6um$（2处）	3	降级不得分		
安全文明生产（10%）	23	安全操作	5	不按规程操作全扣		
	24	机床清理	5	不合格全扣		
总分			100			

二、项目检测

1. 直线插补指令的特点 G01 是刀具以_____方式由某坐标移动到另一坐标，由指令 F 设定_____。

2. 数控车床的主轴的绝对坐标地址为_____，增量坐标地址为_____。

3. 零件加工程序由_____、_____和_____三部分组成。

4. 刀具功能 T 是由_____和_____组成的。

5. 标准坐标系采用_____规定空间直角坐标系，X、Y、Z 三者的关系及其方向用_____判定，X、Y、Z 各轴的回转运动及其正方向+A，+B，+C 分别用

_____判定。

6. 试分别用G32、G92和G76指令编写图2-6所示的螺纹零件的加工程序。要求：

（1）填写G76循环参数表。

（2）编写数控程序并完成仿真。

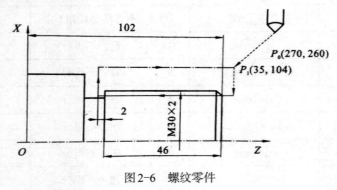

图2-6　螺纹零件

三、教师评价

教师对展示的作品分别作评价。

1. 找出各组的优点进行点评。

2. 对展示过程中各组的缺点进行点评，提出改进方法。

3. 对整个任务完成中出现的亮点和不足进行点评。

四、总结提升

1. 根据自己作品的加工质量及完成情况，分析在编程和加工中出现的不合理处及其产生原因并提出改进意见，填入表2-14中。

表2-14　螺纹轴加工不合理处及改进意见

序号	工作内容	不合理处	不合理的原因	改进意见
1	零件工艺处理与编程			
2	零件数控车加工			
3	零件质量			

2. 试结合自身任务完成情况，通过交流讨论等方式较全面规范地撰写本次任务的工作总结。

工作总结（心得体会）

_____

_____

_____

_____

_____

_____

_____

_____

_____

_____

评价与分析

项目二评价表

班级：_____ 学号：_____ 姓名：_____

项目	自我评价 占总评10%			小组评价 占总评30%			教师评价 占总评60%		
	10~9	8~6	5~1	10~9	8~6	5~1	10~9	8~6	5~1
任务1									
任务2									
任务3									
任务4									
任务5									
表达能力									
协作精神									
纪律观念									
工作态度									
分析能力									
操作规范性									
任务总体表现									
小计									
总评									

任课教师：_____   年   月   日

项目三　轴套的数控车加工

📍 项目要点

1. 根据轴套零件图样，正确编制轴套零件的数控车加工工序卡。

2. 对轴套零件进行编程前的数学处理。

3. 编制轴套零件的数控车加工程序，并绘制刀具路径图。

4. 根据轴套零件图样，查阅相关资料，确定符合加工技术要求的工、量、夹具和辅件。

5. 熟练应用数控车床的模拟检验功能，检查程序编写中的错误，并对程序进行优化。

6. 正确装夹内孔车刀、内车槽刀等，并在数控车床上实现内孔车刀和内车槽刀的规范对刀。

7. 根据切削状态调整切削用量，保证正常切削，并适时检测，保证轴套加工精度。

8. 独立完成轴套零件的数控车加工任务，并在教师的指导下解决加工中出现的常见问题。

9. 规范、熟练地使用常用量具，对轴套零件进行检测，判断加工质量，并根据测量结果，分析误差产生的原因，提出修改意见。

10. 按车间现场6S管理和产品工艺流程的要求，正确放置零件，整理现场、保养机床，进行产品交接并规范填写交接班记录表。

11. 主动获取有效信息，展示工作成果，对学习与工作进行反思总结，并能与他人开展良好合作，进行有效的沟通。

📍 建议学时

35学时

📍 项目导入

某企业机器中的轴套零件（如图3-1所示）因长期使用而磨损，需要更换，数量为

30件。要求在5天内完成，包工包料。现生产部门委托我校数控车工组来承接此加工任务。

图3-1　轴套实体图

➡ 任务分解与工作流程

1. 轴套加工工艺分析。
2. 轴套的程序编制。
3. 轴套的数控车加工。
4. 轴套的检验与质量分析。
5. 工作总结与评价。

任务1 轴套加工工艺分析

➡ 任务目标

1.根据轴套零件的材料和形状特征及加工要求等选择刀具和刀具几何参数,并确定数控加工合理的切削用量。

2.编制轴套零件的数控车加工工序卡。

3.独立编制轴套零件的数控车加工程序,并绘制刀具路径图。

建议学时:7学时

➡ 学习过程

一、知识储备

1.根据对日常生活中车工零件的了解和观察,说明轴套零件的主要用途和应用场合。本任务采用的是40Cr钢,试写出除40Cr钢之外,还有哪些材料可用来制作轴套?

2.本生产任务工期为5天,试依据任务要求,制订合理的工作进度计划,并根据小组成员的特点进行分工。

表 3-1　工作进度计划表

序号	工作内容	时间	成员	负责人
1	工艺分析			
2	编制程序			
3	程序检验			
4	车削加工			
5	成品检验与质量分析			

二、图样分析

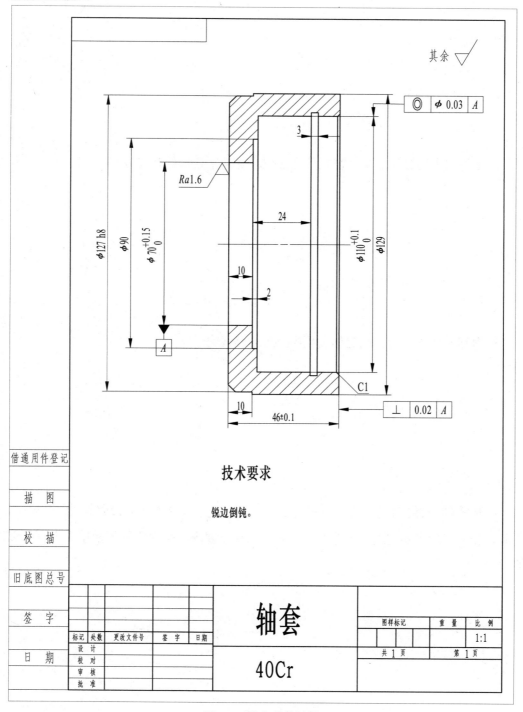

其余 ▽

◎ | φ 0.03 | A

Ra1.6

φ127 h8
φ90
φ70$^{+0.15}_{0}$
φ110$^{+0.1}_{0}$
φ129

3
24
10
2
C1
10
46±0.1

⊥ | 0.02 | A

技术要求

锐边倒钝。

借通用件登记

描　图

校　描

旧底图总号

签　字

日　期

标记	处数	更改文件号	签　字	日期
设　计				
校　对				
审　核				
批　准				

轴套

40Cr

图样标记			重　量	比　例
				1:1
共 1 页			第 1 页	

图3-2　轴套零件图样

1. 本零件的关键尺寸有哪些？图中有没有没有标注出来的尺寸？若有，请测量后标注。

2. 零件图中所标注的基准都在什么部位？并确定合适的装夹方式。

3. 根据零件图分析，确定加工顺序及进给路线。

4. 从零件图样中找出 ⟂ 0.02 A 、◎ Ø0.03 A 两个几何公差符号，并说明其含义。若加工后未能达到以上两个几何公差的精度要求，会在零件的使用中产生什么样的影响？

三、刀具选择与工艺制订

1. 分析轴套零件图样，在图3-3所示刀具中选择合适的数控外轮廓车刀，并说明选用理由。

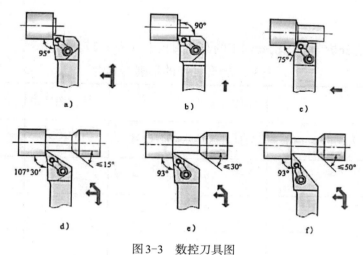

图3-3　数控刀具图

2. 采用以上选择的外轮廓车刀，粗、精加工轴套外轮廓应该选择多大的刀尖半径？为什么？

3. 根据轴套零件图样，在图3-4所示刀具中选择适合加工轴套零件内孔的数控刀具，并说明选用理由。

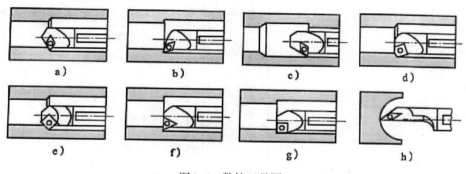

图3-4　数控刀具图

4. 采用以上选择的内孔车刀，粗、精加工轴套内孔应该选择多大的刀尖半径?

5. 根据上述分析，完成轴套加工的车削刀具卡（表3-2）。

表3-2 轴套加工的车削刀具卡

产品名称或代号		零件名称		零件图号	
刀具号	加工内容	刀具名称	刀片型号	刀尖半径 /mm	刀具规格 /(mm·mm)
编制	审核	批准		第　页	共　页

6. 确定轴套零件的定位基准，合理拟定零件加工的工艺路线，并绘制在图3-5中。

图3-5 轴套零件加工工艺路线

7.根据设计的工艺路线和选择的刀具，完成轴套数控车加工工序卡（表3-3）。

表3-3　轴套数控车加工工序卡

单位名称		产品名称或代号		零件名称		零件图号	
工序号	程序编号	夹具名称		使用设备		车间	
工步号	工步内容	刀具号	刀具规格/mm	主轴转速/(r·min⁻¹)	进给速度/(mm·min⁻¹)	背吃刀量/mm	备注
1							
2							
3							
4							
5							
6							
7							
8							
9							
10							
编制		审核		批准		共　页	第　页

任务2 轴套的程序编制

➡ 任务目标

1.对轴套零件进行编程前的数学处理。

2.描述工件坐标系与机床坐标系的关系，并正确建立工件坐标系。

3.掌握轴套数控车加工的编程指令。

建议学时：8学时

➡ 学习过程

1. 在图3-6中绘制出编程坐标系，并标出编程原点。

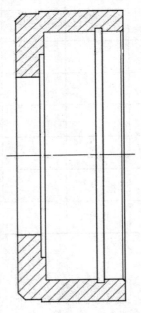

图3-6 轴套编程坐标系

2. 查找相关资料，学习并掌握线性轮廓加工循环指令，回答下面的问题。

（1）写出内外径粗车循环指令G71的指令格式、指令各部分代表的含义及G71的适用场合。

（2）写出端面粗车循环指令G72的指令格式、指令各部分代表的含义及G72的适用场合。

（3）写出精车循环指令G70的指令格式、指令各部分代表的含义及G70的适用场合。

3. 根据轴套零件图样及此前的学习，编制零件数控车加工程序，填入表3-4及3-5中。

（1）零件右端加工程序

表3-4　程序方案一

程序段号	轴套	O0001
	加工程序	程序说明

续表

程序段号	轴套	O0001
	加工程序	程序说明

（2）零件左端加工程序

表 3-5　程序方案二

程序段号	轴套	O0002
	加工程序	程序说明

程序段号	轴套	O0002
	加工程序	程序说明

任务3　轴套的数控车加工

➡ 任务目标

1.根据轴套零件图样，确定符合加工技术要求的工、量、刃具和辅件。

2.正确装夹工件，并对其进行找正。

3.正确装夹内孔车刀、内车槽刀等，并在数控车床上实现内孔车刀和内车槽刀的规范对刀。

4.正确选择本次任务所需的切削液。

5.在轴套加工过程中，严格按照数控车床操作规程操作机床。

6.根据切削状态调整切削用量，保证正常切削，并适时检测，保证轴套加工精度。

7.独立完成轴套零件的数控车加工任务，并在教师的指导下解决加工中出现的常见问题。

8.按车间现场6S管理和产品工艺流程的要求，正确放置轴套零件并进行质量检验和确认。

9.按产品工艺流程和车间管理规定，正确规范地保养机床，进行产品交接并规范填写交接班记录表。

建议学时：10学时

➡ 学习过程

一、加工准备

1.领取工、量、刃具

表3-6　工、量、刃具清单

序号	名称	规格	数量	备注
1				

序号	名称	规格	数量	备注
2				
3				
4				
5				
6				
7				
8				
9				
10				

2. 领取毛坯料

领取并测量毛坯外形尺寸，判断毛坯是否有足够的加工余量。

3. 选择切削液

根据加工对象及所用刀具，选择本次加工所用切削液。

二、零件加工

1. 按照数控车床操作安全规程检查各项均符合要求后，送电开机。

2. 按正确操作顺序，进行回机床参考点操作。

3. 正确装夹工件，并对其进行找正。

4. 正确装夹刀具，确保刀具牢固可靠，并设定主轴手动转速。

5. 对刀。

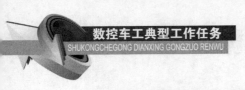

（1）外圆车刀对刀。

（2）内孔车刀对刀。

（3）内车槽刀对刀。

6. 程序输入与校验。

（1）输入并调试螺纹轴数控车削加工程序。

（2）记录程序输入时产生的报警号，并说明产生报警的原因及解决办法。

表 3-7　报警内容记录表

报警号	报警内容	报警原因	解决办法

7. 在用软件模拟加工轴套零件时，如果内孔车刀出现撞刀现象，分析产生的原因，并写出处理方法。

8. 自动加工。

（1）加工中注意观察刀具切削情况，记录加工中不合理的因素，以便于纠正，提高工作效率（如切削用量、加工路径是否合理，刀具是否有干涉等）。

表3-8　轴套加工中遇到的问题及改进方法记录表

问题	产生原因	预防措施或改进方法

（2）案例分析1：　轴套零件的左端加工完毕后，通过仿真软件的模拟检验发现左侧内径 $\phi 70_0^{+0.15}$ mm 的尺寸是 $\phi 69.86$ mm，该零件是否可以通过修复达到合格？如果能修复，应采用什么方法？

（3）案例分析2：在加工轴套过程中，铁屑缠绕在内孔车刀上，造成内孔的表面被刮伤，表面粗糙度达不到图样要求，这是什么原因造成的？应该采用什么方法避免？

三、保养机床、清理场地

　　加工完毕后，按照图样要求进行自检，正确放置零件，并进行产品交接确认；按照国家环保相关规定和车间要求整理现场，清扫切屑，保养机床，并正确处置废油液等废弃物；按车间规定填写交接班记录和设备日常保养记录卡（见附表）。

任务4 轴套的检验与质量分析

➡ 任务目标

1. 根据轴套图样，合理选择检验工具和量具，确定检测方法。
2. 正确规范地使用工、量具对轴套进行检验，并对工、量具进行保养和维护。
3. 根据轴套零件的测量结果，分析误差产生的原因，并提出修改意见。
4. 按检验室管理要求，正确放置检验用工、量具。

建议学时：6学时

➡ 学习过程

一、明确测量要素，领取检测用工、量具

1. 轴套零件上有哪些要素需要测量?

2. 根据轴套需要测量的要素，写出检测轴套所需工、量具，并填入表3-9中。

表3-9 检测轴套所需工、量具

序号	名称	规格（精度）	检测内容	备注
1				
2				
3				
4				
5				
6				
7				

二、检测零件，填写轴套零件质量检验单

1. 根据图样要求，自检轴套零件；并完成表3-10轴套零件质量检验单。

表3-10　轴套零件质量检验单

项目	序号	内容	检测结果	结论
外圆	1	$\phi 129$mm		
	2	$\phi 127$mm h8		
内径	3	$\phi 110_0^{+0.1}$mm		
	4	$\phi 90$mm		
	5	$\phi 70_0^{+0.15}$mm		
长度	6	（46±0.1）mm		
	7	24mm		
	8	10mm（两处）		
	9	3mm		
	10	2mm		
同轴度	11	◎ ⌀0.03 A		
垂直度	12	⊥ 0.02 A		
表面质量	13	Ra1.6μm		
倒角	14	C1mm		
	15	C3mm		
轴套检测结论				
产生不合格品的情况分析				

2. 案例分析1：轴套零件加工完毕后，通过检测发现内径$\phi 110_0^{+0.1}$mm 的实际尺寸是$\phi 110.21$mm，这是什么原因造成的？应采用什么方法避免？

3. 案例分析2：轴套零件加工完毕后，通过检测发现长度（46±0.1）mm 的实际尺寸是45.95mm，这是什么原因造成的？应该采用什么方法避免？

三、提出工艺方案修改意见

对不合格项目进行分析，小组讨论提出工艺方案修改意见，并记录在表3-11中。

表3-11　不合格项目分析表

不合格项目	产生原因	修改意见
尺寸不对		
同轴度误差		
垂直度误差		
表面粗糙度达不到要求		

任务5　工作总结与评价

🠒 任务目标

1. 按照轴套加工综合评价表完成自评。

2. 按分组情况，分别派代表展示工作成果，说明本次任务的完成情况，并作分析总结。

3. 结合自身任务完成情况，正确规范地撰写工作总结。

4. 就本次任务中出现的问题，提出改进措施。

5. 对学习与工作进行反思总结，并能与他人开展良好合作，进行有效沟通。

建议学时：4学时

🠒 学习过程

一、自我评价

表3-12　轴套加工综合评价表

工件编号：_____　　　　　　　　　　　　　　总得分：_____

项目	序号	技术要求	配分	评分标准	检测记录	得分
仿真过程（10%）	1	仿真软件操作正确	4	熟练程度		
	2	模拟加工设置正确	3	酌情扣分		
	3	程序输入	3	酌情扣分		
机床操作（20%）	4	正确开启机床、检查	4	不正确、不合理无分		
	5	机床返回参考点	4	不正确、不合理无分		
	6	程序的输入及修改	4	不正确、不合理无分		
	7	程序空运行轨迹检查	4	不正确、不合理无分		
	8	对刀的方式、方法	4	不正确、不合理无分		

续表

项目	序号	技术要求	配分	评分标准	检测记录	得分
程序与工艺（20%）	9	程序格式规范	5	不合格每处扣2分		
	10	程序正确、完整	8	不合格每处扣2分		
	11	工艺合理	7	不合格每处扣1分		
零件质量（40%）	12	$\phi 129mm$	2	超差不得分		
	13	$\phi 127mm$ h8	3	超差不得分		
	14	$\phi 110_0^{+0.1}mm$	3	超差不得分		
	15	$\phi 90mm$	2	超差不得分		
	16	$\phi 70_0^{+0.15}mm$	3	超差不得分		
	17	$(46\pm 0.1)mm$	3	超差不得分		
	18	24mm	2	超差不得分		
	19	10mm（两处）	3	超差不得分		
	20	3mm	2	超差不得分		
	21	2mm	2	超差不得分		
	22	$\phi 129mm$	2	超差不得分		
	23	◎ | ∅ 0.03 | A	3	超差不得分		
	24	⊥ | 0.02 | A	3	超差不得分		
	25	$Ra1.6\mu m$	3	降级不得分		
	26	$C1mm$	2	超差不得分		
	27	$C3mm$	2	超差不得分		
安全文明生产（10%）	28	安全操作	5	不按规程操作全扣		
	29	机床清理	5	不合格全扣		
总分			100			

二、项目检测

1. 数控车床按主轴配置形式分为_____、_____。

2. 工件坐标系是编程时对_____设置的坐标系，工件坐标系的原点也叫_____。

3. 用参数 R 编程时，当圆弧_____180°时，用+R表示圆弧半径。当圆弧_____180°时，用-R表示圆弧半径。

4. 数控车床刀具补偿包括_____、_____、_____。

5. 数控车床在操作过程中出现警报，若要消除警报需要按_____键。

三、教师评价

教师对展示的作品分别作评价。

1. 找出各组的优点进行点评。

2. 对展示过程中各组的缺点进行点评，提出改进方法。

3. 对整个任务完成中出现的亮点和不足进行点评。

四、总结提升

1. 根据轴套加工质量及完成情况，分析轴套编程与加工中的不合理处及其原因并提出改进意见，填入表3-13中。

表3-13　轴套加工不合理处及改进意见

序号	工作内容	不合理处	不合理的原因	改进意见
1	零件工艺处理与编程			
2	零件数控车加工			
3	零件质量			

2. 试结合自身任务完成情况，通过交流讨论等方式较全面规范地撰写本次任务的工作总结。

工作总结（心得体会）

数控车工典型工作任务

SHUKONGCHEGONG DIANXING GONGZUO RENWU

评价与分析

项目三评价表

班级：＿＿＿＿　　学号：＿＿＿＿　　姓名：＿＿＿＿

项目	自我评价 占总评10%			小组评价 占总评30%			教师评价 占总评60%		
	9~10	6~8	1~5	9~10	6~8	1~5	9~10	6~8	1~5
任务1									
任务2									
任务3									
任务4									
表达能力									
协作精神									
纪律观念									
工作态度									
分析能力									
操作规范性									
任务总体表现									
小计									
总评									

任课教师：＿＿＿＿　　　　　　　　　　　　　　　年　　月　　日

项目四　凸轮轴的数控车加工

🠖 项目要点

1. 根据凸轮轴的用途和技术要求，对凸轮轴的加工内容做出分析。

2. 应用三角函数知识计算凸轮轴零件图样中的基点坐标。

3. 根据凸轮轴零件图样，正确编制凸轮轴零件的数控车加工工序卡。

4. 编制凸轮轴零件的数控车加工程序，并绘制刀具路径图。

5. 熟练应用仿真软件各项功能，完成凸轮轴零件的模拟加工，并能根据模拟测量结果完善程序。

6. 根据凸轮轴零件图样，查阅相关资料，确定符合加工技术要求的工、量、夹具和辅件。

7. 应用数控车床的模拟检验功能，检查并找出程序编写中的错误，并对程序进行优化。

8. 根据切削状态调整切削用量，保证正常切削，并适时检测，保证凸轮轴加工精度。

9. 独立完成凸轮轴零件的数控车加工任务，并在教师的指导下解决加工中出现的常见问题。

10. 规范、熟练地使用常用量具，对凸轮轴零件进行检测，判断加工质量，并根据凸轮轴零件的测量结果，分析误差产生的原因，提出修改意见。

11. 按车间现场6S管理和产品工艺流程的要求，正确放置凸轮轴零件，整理现场、保养机床，进行产品交接并规范填写交接班记录表。

12. 主动获取有效信息，展示工作成果，对学习与工作进行反思总结，并能与他人开展良好合作，进行有效沟通。

🠖 建议学时

35学时

⊙ 项目导入

　　学校接到加工任务：某企业新设计的设备中包含一个凸轮轴零件，合同规定来料加工、生产周期为5天，加工数量为30件，现学校把凸轮轴的生产任务交给我们数控车教研组来完成。

图4-1　凸轮轴实体图

⊙ 任务分解与工作流程

　　1. 凸轮轴加工工艺分析。

　　2. 凸轮轴的程序编制。

　　3. 凸轮轴的数控车加工。

　　4. 凸轮轴的检验与质量分析。

　　5. 工作总结与评价。

任务1　凸轮轴加工工艺分析

➡ 任务目标

1.计算凸轮轴零件图样中的未知坐标点。

2.根据凸轮轴的材料和形状特征及加工要求等选择刀具和刀具几何参数，并确定数控加工合理的切削用量。

3.编制凸轮轴零件的数控车加工工序卡。

4.编制凸轮轴零件的数控车加工程序，并绘制刀具路径图。

建议学时：7学时

➡ 学习过程

一、知识储备

1.数控车床以回转类零件为主要加工对象，请简述以下圆周定位夹具的特点及应用场合。

（1）三爪自定心卡盘。

（2）软爪。

（3）四爪单动卡盘。

2. 本生产任务工期为 5 天，试依据任务要求，制订合理的工作进度计划，并根据小组成员的特点进行分工。

表 4-1　工作进度计划表

序号	工作内容	时间	成员	负责人
1	工艺分析			
2	编制程序			
3	程序检验			
4	车削加工			
5	成品检验与质量分析			

二、图样分析

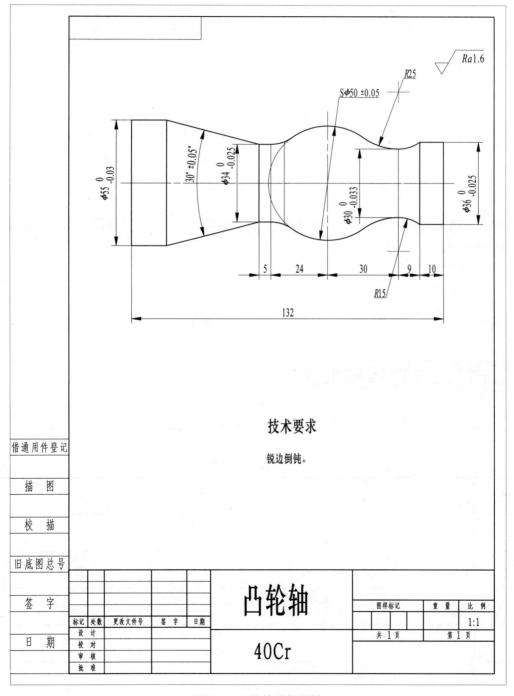

图4-2　凸轮轴零件图样

1. 分析零件图样，确定凸轮轴的定位基准和装夹方式。

2. 确定合适的加工顺序及进给路线。

3. 分析零件图样，从所有尺寸中选出带有公差的尺寸，计算其极限尺寸，说明加工精度控制范围。

三、刀具选择与工艺制订

1. 根据凸轮轴图样分析，列举凸轮轴加工内容并填入表4-2中。

表4-2 凸轮轴加工内容

序号	加工内容
1	
2	
3	
4	
5	

2.根据前面确定的定位基准，合理地拟定零件加工的工艺路线，并绘制在图4-3中。

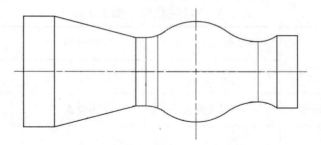

图4-3 凸轮轴零件加工工艺路线图

3.根据凸轮轴的加工内容，完成凸轮轴加工的车削刀具卡表4-3。

表4-3 凸轮轴加工的车削刀具卡

产品名称或代号			零件名称		零件图号	
刀具号	加工内容		刀具名称	刀片型号	刀尖半径 /mm	刀具规格 /mm×mm
编制		审核	批准		第 页	共 页

4.查阅资料，确定合适的切削用量（如主轴转速、进给速度等）。

5. 根据设计的工艺路线和选择的刀具，完成凸轮轴数控车加工工序卡。

表4-4 凸轮轴数控车加工工序卡

单位名称		产品名称或代号		零件名称		零件图号	
工序号	程序编号	夹具名称		使用设备		车间	
工步号	工步内容	刀具号	刀具规格 /mm	主轴转速 /(r·min⁻¹)	进给速度 /(mm·min⁻¹)	背吃刀量 /mm	备注
1							
2							
3							
4							
5							
6							
7							
8							
9							
10							
编制		审核		批准		共 页	第 页

任务2　凸轮轴的程序编制

任务目标

1.对凸轮轴零件进行编程前的数学处理。

2.描述工件坐标系与机床坐标系的关系，并正确建立工件坐标系。

3.掌握凸轮轴数控车加工的编程指令。

建议学时：8学时

学习过程

1. 在图4-4中绘制出编程坐标系，并标出编程原点。

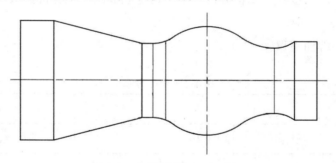

图4-4　凸轮轴编程坐标系

2. 在数控系统中，有多种外形车削循环，查询编程手册，写出固定形状粗车循环指令G73的指令格式及应用场合。

3. 在零件粗加工后、精加工前我们在编程方面需要采用什么样的措施来提高凸轮轴的加工精度？

4. 分析该凸轮轴零件的特点，请小组成员讨论并绘制合理的刀具路径图。

5. 根据零件加工步骤及编程分析，小组讨论完成凸轮轴零件的数控车加工程序，并填入表4-5 或表4-6中。

（1）零件右端加工程序

表4-5　程序方案一

程序段号	凸轮轴	O0001
	加工程序	程序说明

程序段号	凸轮轴	O0001
	加工程序	程序说明

（2）零件左端加工程序

表4-6　程序方案二

程序段号	凸轮轴	O0002
	加工程序	程序说明

程序段号	凸轮轴	O0002
	加工程序	程序说明

任务3 凸轮轴的数控车加工

任务目标

1. 根据凸轮轴零件图样，确定符合加工技术要求的工、量、夹具和辅件。

2. 校验和检查所用量具的误差。

3. 按凸轮轴车削加工要求，合理选择和正确安装车刀。

4. 应用数控车床的模拟检验功能，检查程序编写中的错误，并对程序进行优化。

5. 独立完成凸轮轴零件的数控车加工任务。

6. 在教师的指导下解决加工中出现的常见问题。

7. 按车间现场6S管理和产品工艺流程的要求，正确放置零件并进行质量检验和确认。

8. 按产品工艺流程和车间管理规定，正确规范地保养机床，进行产品交接并规范填写交接班记录表。

建议学时：10学时

学习过程

一、加工准备

1. 领取工、量、刃具，并填写表4-7。

表4-7 工、量、刃具清单

序号	名称	规格	数量	备注
1				
2				
3				

序号	名称	规格	数量	备注
4				
5				
6				
7				
8				
9				
10				

2. 领取毛坯料。领取并测量毛坯外形尺寸，判断毛坯是否有足够的加工余量。

3. 选择切削液。根据加工对象及所用刀具，选择本次加工所用切削液。

4. 在用仿真软件模拟加工以前，应该做哪些准备？

5. 请说明在凸轮轴零件模拟加工时，如何进行机床类型、夹具类型与装夹位置和刀具参数的设置。

（1）机床类型的设置。

（2）夹具类型与装夹位置的设置。

（3）刀具参数的设置。

6. 用仿真软件进行模拟加工时，请说明程序检验的方法和步骤。

7. 在背吃刀量和进给量不变的情况下，怎样缩短加工时间、优化走刀路线？

8. 在凸轮轴装夹调整中百分表是必不可少的检验工具。查阅资料掌握百分表的结构与使用方法，并在图4-5中正确填写。

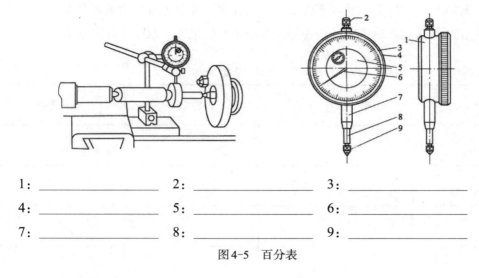

1: ＿＿＿＿＿＿＿＿   2: ＿＿＿＿＿＿＿＿   3: ＿＿＿＿＿＿＿＿

4: ＿＿＿＿＿＿＿＿   5: ＿＿＿＿＿＿＿＿   6: ＿＿＿＿＿＿＿＿

7: ＿＿＿＿＿＿＿＿   8: ＿＿＿＿＿＿＿＿   9: ＿＿＿＿＿＿＿＿

图4-5 百分表

请简述使用方法：

9. 百分表按测量范围分有几种？凸轮轴零件装夹调整应选择哪一种？

二、零件加工

1. 按照数控车床操作安全规程检查各项均符合要求后，送电开机。

2. 按正确操作顺序，进行回机床参考点操作。

3. 正确装夹工件，并对其进行找正。

4. 检查刀具是否齐全、完整，按加工工艺要求依次装夹刀具，并完成对刀操作。

5. 程序输入与校验

(1)输入已编制好的凸轮轴零件数控车削程序，并空运行校验是否有误。

(2)记录程序输入时产生的报警号，并说明产生报警的原因及解决办法。

表4-7 报警内容记录表

报警号	报警内容	报警原因	解决办法

6.自动加工。加工中注意观察刀具切削情况，记录加工中不合理的因素，以便于纠正，提高工作效率（如切削用量、加工路径是否合理，刀具是否有干涉等）。

表4-8 凸轮轴加工中遇到的问题

问题	产生原因	预防措施或改进方法

三、保养机床、清理场地

加工完毕后，按照图样要求进行自检，正确放置零件，并进行产品交接确认；按照国家环保相关规定和车间要求整理现场，清扫切屑，保养机床，并正确处置废油液等废弃物；按车间规定填写交接班记录和设备日常保养记录卡（见附表）。

任务4 凸轮轴的检验与质量分析

任务目标

1.根据凸轮轴零件图样，合理选择检验工具和量具。

2.正确规范地使用工、量具，检验凸轮轴零件的尺寸、几何精度等是否符合图样要求，并对工、量具进行保养和维护。

3.根据凸轮轴零件的测量结果，分析误差产生的原因，并提出修改意见。

4.按检验室管理要求，正确放置检验用工、量具。

建议学时：6学时

学习过程

一、明确测量要素，领取检测用工、量具

1.凸轮轴零件上有哪些要素需要测量？

2.根据凸轮轴需要测量的要素，写出检测凸轮轴所需工、量具，并填入表4-9中。

表4-9　检测凸轮轴所需工、量具

序号	名称	规格（精度）	检测内容	备注
1				
2				
3				
4				

续表

序号	名称	规格（精度）	检测内容	备注
5				
6				
7				

二、检测零件，填写凸轮轴零件质量检验单

1. 根据图样要求，自检凸轮轴零件并完成凸轮轴零件质量检验单（表4-10）。

表4-10　凸轮轴零件质量检验单

项目	序号	内容	检测结果	结论
外圆	1	$\phi 55^{0}_{-0.03}$mm		
	2	$\phi 36^{0}_{-0.025}$mm		
	3	$\phi 34^{0}_{-0.025}$mm		
	4	$\phi 30^{0}_{-0.033}$mm		
长度	5	132mm		
	6	30mm		
	7	24mm		
	8	10mm		
	9	9mm		
	10	5mm		
锥度	11	30°±0.05°		
球面	12	$S\phi 50°±0.05°$mm		
圆弧	13	$R25$mm		
	14	$R15$mm		

续表

项目	序号	内容	检测结果	结论
同轴度	15	⌀0.03 A		
垂直度	16	⊥ 0.02 A		
表面质量	17	$Ra6.3\mu m$		
凸轮轴检测结论				
产生不合格品的情况分析				

2. 案例分析1：凸轮轴零件加工完毕后，通过检测发现外径 $\phi 55^{0}_{-0.03}$ mm 的实际尺寸是 $\phi 54.95^{0}_{-0.03}$ mm ，分析造成这个误差的原因，并判断零件能否返修。若能，提出返修方案。

3. 案例分析2：该凸轮轴零件中部由 $S\phi 50 \pm 0.05$ mm ，$R25$ mm，$R15$ mm 一段球面和两段圆弧光滑连接，请根据图4-6中给出的已知条件手工计算或利用计算机绘图软件计算零件图样基点的坐标值。

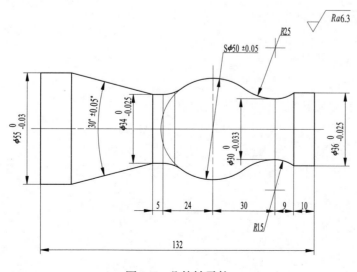

图4-6　凸轮轴零件

三、提出工艺方案修改意见

对不合格项目进行分析，小组讨论提出工艺方案修改意见，并记录在表4-11中。

表4-11　不合格项目分析表

不合格项目	产生原因	修改意见
尺寸不对		
同轴度误差		
垂直度误差		
表面粗糙度达不到要求		

任务5　工作总结与评价

➡ 任务目标

1. 按照凸轮轴加工综合评价表完成自评。

2. 按分组情况，分别派代表展示工作成果，说明本次任务的完成情况，并作分析总结。

3. 结合自身任务完成情况，正确规范地撰写工作总结。

4. 就本次任务中出现的问题，提出改进措施。

5. 对学习与工作进行反思总结，并能与他人开展良好合作，进行有效沟通。

6. 能举一反三，完成同类型零件的数控车加工。

建议学时：4学时

➡ 学习过程

一、自我评价

表4-12　凸轮轴加工综合评价表

工件编号：＿＿＿＿＿＿＿＿＿　　　　　　　　　　总得分：＿＿＿＿＿＿＿＿＿

项目	序号	技术要求	配分	评分标准	检测记录	得分
仿真过程（10%）	1	仿真软件操作正确	4	熟练程度		
	2	模拟加工设置正确	3	酌情扣分		
	3	程序输入	3	酌情扣分		
机床操作（20%）	4	正确开启机床、检查	4	不正确、不合理无分		
	5	机床返回参考点	4	不正确、不合理无分		
	6	程序的输入及修改	4	不正确、不合理无分		

项目	序号	技术要求	配分	评分标准	检测记录	得分
	7	程序空运行轨迹检查	4	不正确、不合理无分		
	8	对刀的方式、方法	4	不正确、不合理无分		
程序与工艺（20%）	9	程序格式规范	5	不合格每处扣2分		
	10	程序正确、完整	8	不合格每处扣2分		
	11	工艺合理	7	不合格每处扣1分		
零件质量（40%）	12	$\phi 55^{0}_{-0.03}$mm	2	超差不得分		
	13	$\phi 36^{0}_{-0.025}$mm	3	超差不得分		
	14	$\phi 34^{0}_{-0.025}$mm	3	超差不得分		
	15	$\phi 30^{0}_{-0.033}$mm	2	超差不得分		
	16	132mm	3	超差不得分		
	17	30mm	3	超差不得分		
	18	24mm	2	超差不得分		
	19	10mm	3	超差不得分		
	20	9mm	2	超差不得分		
	21	5mm	2	超差不得分		
	22	30°±0.05°	2	超差不得分		
	23	$S\phi 50 \pm 0.05$mm	3	超差不得分		
	24	$R25$mm	2	超差不得分		
	25	$R15$mm	2	超差不得分		
	26	◎ Ø 0.03 A	2	降级不得分		
	27	⊥ 0.02 A	2	降级不得分		
	28	$Ra6.3\mu$m	2	超差不得分		
安全文明生产（10%）	29	安全操作	5	不按规程操作全扣		
	30	机床清理	5	不合格全扣		
总分			100			

二、项目检测

1. 数控车床在开机后，必须进行回零操作，使 X、Z 各坐标轴运动回到 _____。

2. 粗加工时为了提高生产效率，选用切削用量时，应首先选用较大的 _____。

3. 程序 "M98 P1001" 的含义是 _____。

4. 数控车床的编程特点是什么？

三、教师评价

教师对展示的作品分别作评价。

1. 找出各组的优点进行点评。

2. 对展示过程中各组的缺点进行点评，提出改进方法。

3. 对整个任务完成中出现的亮点和不足进行点评。

四、总结提升

1. 根据凸轮轴加工质量及完成情况，分析凸轮轴编程与加工中的不合理处及其原因并提出改进意见，填入表中。

表4-13　凸轮轴加工不合理处及改进意见

序号	工作内容	不合理处	不合理的原因	改进意见
1	零件工艺处理与编程			
2	零件数控车加工			
3	零件质量			

2. 试结合自身任务完成情况，通过交流讨论等方式较全面规范地撰写本次任务的工作总结。

工作总结（心得体会）

_____

_____

_____

_____

_____

_____

_____

_____

_____

_____

评价与分析

项目四评价表

班级：＿＿＿＿　　学号：＿＿＿＿　　姓名：＿＿＿＿

项目	自我评价 占总评10%			小组评价 占总评30%			教师评价 占总评60%		
	9~10	6~8	1~5	9~10	6~8	1~5	9~10	6~8	1~5
任务1									
任务2									
任务3									
任务4									
表达能力									
协作精神									
纪律观念									
工作态度									
分析能力									
操作规范性									
任务总体表现									
小计									
总评									

任课教师：＿＿＿＿　　　　　　　　　　　　　　　　　年　　月　　日

项目五　椭圆轴的数控车加工

⊖ 项目要点

1. 根据椭圆轴的用途和技术要求，对椭圆轴的加工内容做出分析。

2. 根据椭圆轴零件图样，正确编制椭圆轴零件的数控车加工工序卡。

3. 编制椭圆轴零件的数控车加工程序，并绘制刀具路径图。

4. 熟练应用仿真软件各项功能，完成椭圆轴零件的模拟加工，并能根据模拟测量结果完善程序。

5. 根据椭圆轴零件图样，查阅相关资料，确定符合加工技术要求的工、量、夹具和辅件。

6. 应用数控车床的模拟检验功能，检查程序编写中的错误，并对程序进行优化。

7. 根据切削状态调整切削用量，保证正常切削，并适时检测，保证椭圆轴加工精度。

8. 独立完成椭圆轴零件的数控车加工任务，并在教师的指导下解决加工中出现的常见问题。

9. 规范、熟练地使用常用量具，对椭圆轴零件进行检测，判断加工质量，并根据椭圆轴零件的测量结果，分析误差产生的原因，提出修改意见。

10. 按车间现场6S管理和产品工艺流程的要求，正确放置零件，整理现场、保养机床，进行产品交接并规范填写交接班记录表。

11. 主动获取有效信息，展示工作成果，对学习与工作进行反思总结，并能与他人开展良好合作，进行有效沟通。

⊖ 建议学时

35学时

⊖ 项目导入

学校接到加工任务：某企业需要生产一批椭圆轴零件，合同规定来料加工、生产周期为5天，加工数量为30件，现学校把椭圆轴的生产任务交给我们数控车教研组来完成。

图5-1　椭圆轴零件实体图

➡ 任务分解与工作流程

1. 椭圆轴加工工艺分析。

2. 椭圆轴的程序编制。

3. 椭圆轴的数控车加工。

4. 椭圆轴的检验与质量分析。

5. 工作总结与评价。

任务1 椭圆轴加工工艺分析

➡ 任务目标

1.计算椭圆轴零件图样中的未知坐标点。

2.根据椭圆轴的材料和形状特征及加工要求等选择刀具和刀具几何参数,并确定数控加工合理的切削用量。

3.编制椭圆轴零件的数控车加工工序卡。

4.编制椭圆轴零件的数控车加工程序,并绘制刀具路径图。

建议学时:7学时

➡ 学习过程

一、知识储备

1.在数控车床中可以用宏程序来完成非圆曲线程序的编制及加工,请说明什么是宏程序。

2.请简述宏程序与普通程序的区别。

3. 为了使宏程序更具有通用性，更加灵活，在宏程序中设置了变量，变量根据变量号可以分为以下四种类型，请查阅相关资料并填写表 5-1。

表 5-1　变量的分类

变量号	变量类型	功能
#0		
#1—#33		
#100—#149 #500—#549		
其余		

4. 请写出用户宏程序的格式。

5. 查阅资料，简述宏程序常用的两种调用形式。

6. 请写出宏程序编程的步骤。

2. 本生产任务工期为5天，试依据任务要求，制订合理的工作进度计划，并根据小组成员的特点进行分工。

表5-2　工作进度计划表

序号	工作内容	时间	成员	负责人
1	工艺分析			
2	编制程序			
3	程序检验			
4	车削加工			
5	成品检验与质量分析			

二、图样分析

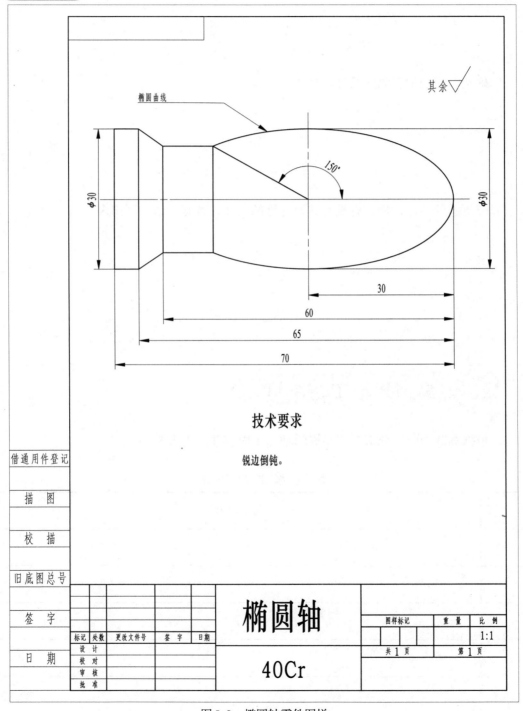

图 5-2　椭圆轴零件图样

1. 分析零件图样，确定椭圆轴的定位基准和装夹方式。

2. 确定合适的加工顺序及进给路线。

3. 分析零件图样，检查有没有需要计算的尺寸，若有，请计算出来。

三、刀具选择与工艺制订

1. 根据椭圆轴图样分析，列举椭圆轴加工内容并填入表5-3中。

表5-3　椭圆轴加工内容

序号	加工内容
1	
2	
3	
4	
5	

2. 分析零件特征，合理地拟定零件加工的工艺路线，并绘制在图5-3中。

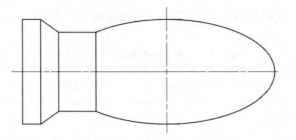

图5-3 椭圆轴零件加工工艺路线图

3. 根据椭圆轴的加工内容，完成椭圆轴加工的车削刀具卡（表5-4）。

表5-4 椭圆轴加工的车削刀具卡

产品名称或代号		零件名称		零件图号	
刀具号	加工内容	刀具名称	刀片型号	刀尖半径 /mm	刀具规格 /(mm·mm)
编制		审核	批准	第 页	共 页

4. 查阅资料，确定合适的切削用量（如主轴转速、进给速度等）。

5. 根据设计的工艺路线和选择的刀具，完成椭圆轴数控车加工工序卡（表5-5）。

表5-5　　椭圆轴数控车加工工序卡

单位名称		产品名称或代号		零件名称		零件图号	
工序号	程序编号	夹具名称		使用设备		车间	
工步号	工步内容	刀具号	刀具规格/mm	主轴转速/(r·min⁻¹)	进给速度/(mm·min⁻¹)	背吃刀量/mm	备注
1							
2							
3							
4							
5							
6							
7							
8							
9							
10							
编制		审核	批准			共　页	第　页

任务2　椭圆轴的程序编制

➡ 任务目标

1. 对椭圆轴零件进行编程前的数学处理。

2. 描述工件坐标系与机床坐标系的关系，并正确建立工件坐标系。

3. 掌握椭圆轴数控车加工的编程指令。

建议学时：8学时

➡ 学习过程

1. 在图5-4中绘制出编程坐标系，并标出编程原点。

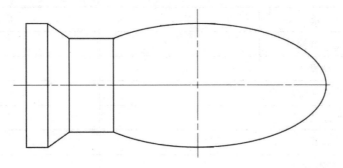

图5-4　椭圆轴编程坐标系

2. A类用户宏程序一般适用于哪些系统？请写出G65指令的格式及格式中各参数的意义。

3. 150°椭圆面左侧相邻的外径尺寸在零件图样中未标注（如图5-5所示），请根据已有的尺寸及它们之间存在的数学关系确定该外径的大小并标注在图5-5中。

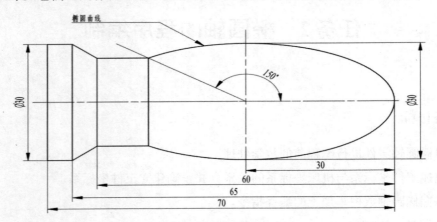

图5-5　椭圆轴零件图样

4. 查阅相关资料，将A类程序G65指令中H代码及其功能填到表5-6中。

表5-6　G65指令中H代码及其功能

H码	功能	定义	格式
H01	定义置换		
H02	加算		
H11	逻辑"或"		
H12	逻辑"与"		
H13	异或		
H21	开平方		
H22	绝对值		
H24	BCD—二进值		
H25	二进值—BCD		
H27	复合平方根		
H31	正弦		
H32	余弦		
H80	无条件转移		
H81	条件转移1		
H85	条件转移5		
H99	P/S报警		

5. B类宏程序的运算指令与A类宏程序的运算指令有很大区别，它的运算类似于数学运算，用各种数学符号来表示，常见运算指令见表5-7。

表5-7　常用运算指令

功能	格式	备注
定义		
加法 减法 乘法 除法		
正弦 反正弦 余弦 反余弦 正切 反正切		
平方根 绝对值 舍入 上取整 下取整 自然对数 指数函数		
或异或与		
从BCD转为 BIN 从BIN转为 BCD		

6. 根据零件加工步骤及编程分析，小组讨论完成椭圆轴零件的数控车加工程序，并填入表5-8或5-9中。

（1）零件右端加工程序

表5-8　程序方案一

程序段号	椭圆轴	O0001
	加工程序	程序说明

续表

程序段号	椭圆轴	O0001
	加工程序	程序说明

（2）零件左端加工程序

表 5-9　程序方案二

程序段号	椭圆轴	O0002
	加工程序	程序说明

续表

程序段号	椭圆轴	O0002
	加工程序	程序说明

任务3　椭圆轴的数控车加工

➔ 任务目标

1. 根据椭圆轴零件图样，确定符合加工技术要求的工、量、夹具和辅件。

2. 校验和检查所用量具的误差。

3. 按椭圆轴车削加工要求，合理选择和正确安装车刀。

4. 应用数控车床的模拟检验功能，检查程序编写中的错误，并对程序进行优化。

5. 独立完成椭圆轴零件的数控车加工任务。

6. 在教师的指导下解决加工中出现的常见问题。

7. 按车间现场6S管理和产品工艺流程的要求，正确放置零件并进行质量检验和确认。

8. 按产品工艺流程和车间管理规定，正确规范地保养机床，进行产品交接并规范填写交接班记录表。

建议学时：10学时

➔ 学习过程

一、加工准备

1. 领取工、量、刃具，并填写表5-10。

表5-10　工、量、刃具清单

序号	名称	规格	数量	备注
1				
2				
3				
4				

续表

序号	名称	规格	数量	备注
5				
6				
7				
8				
9				
10				

2. 领取毛坯料。领取并测量毛坯外形尺寸，判断毛坯是否有足够的加工余量。

3. 选择切削液。根据加工对象及所用刀具，选择本次加工所用切削液。

二、零件加工

1. 按照数控车床操作安全规程检查各项均符合要求后，送电开机。

2. 按正确操作顺序，进行回机床参考点操作。

3. 正确装夹工件，并对其进行找正。

4. 检查刀具是否齐全、完整，按加工工艺要求依次装夹刀具，并完成对刀操作。

5. 程序输入与校验

（1）输入已编制好的凸轮轴零件数控车削程序，并空运行校验是否有误。

（2）记录程序输入时产生的报警号，并说明产生报警的原因及解决办法。

表 5-11　报警内容记录表

报警号	报警内容	报警原因	解决办法

6. 自动加工。加工中注意观察刀具切削情况，记录加工中不合理的因素，以便于纠正，提高工作效率（如切削用量、加工路径是否合理，刀具是否有干涉等）。

表 5-12　椭圆轴加工中遇到的问题

问题	产生原因	预防措施或改进方法

三、保养机床、清理场地

加工完毕后，按照图样要求进行自检，正确放置零件，并进行产品交接确认；按照国家环保相关规定和车间要求整理现场，清扫切屑，保养机床，并正确处置废油液等废弃物；按车间规定填写交接班记录和设备日常保养记录卡（见附表）。

任务4 椭圆轴的检验与质量分析

任务目标

1. 根据椭圆轴零件图样，合理选择检验工具和量具。

2. 正确规范地使用工、量具检验椭圆轴零件的尺寸、几何精度等是否符合图样要求，并对工、量具进行保养和维护。

3. 根据椭圆轴零件的测量结果，分析误差产生的原因，并提出修改意见。

4. 按检验室管理要求，正确放置检验用工、量具。

建议学时：6学时

学习过程

一、明确测量要素，领取检测用工、量具

1. 椭圆轴零件上有哪些要素需要测量？

2. 根据椭圆轴需要测量的要素，写出检测椭圆轴所需工、量具，并填入表5-13中。

表5-13 检测椭圆轴所需工、量具

序号	名称	规格（精度）	检测内容	备注
1				
2				
3				
4				

续表

序号	名称	规格（精度）	检测内容	备注
5				
6				
7				

二、检测零件，填写椭圆轴零件质量检验单

1. 根据图样要求，自检椭圆轴零件并完成椭圆轴零件质量检验单（表5-14）。

表5-14　椭圆轴零件质量检验单

项目	序号	内容	检测结果	结论
外径	1	ϕ30mm（两处）		
长度	2	70mm		
	3	65mm		
	4	60mm		
	5	30mm		
椭圆面	6	计算出150°对应椭圆曲线的长轴长度		
椭圆轴检测结论				
产生不合格品的情况分析				

2. 在循环加工的精车路线中涉及变量计算的宏程序，需要选用哪个指令进行编程？为什么？

三、提出工艺方案修改意见

对不合格项目进行分析，小组讨论提出工艺方案修改意见，并记录在表5-15中。

表5-15不合格项目分析表

不合格项目	产生原因	修改意见
尺寸精度不符合要求		
表面粗糙度 达不到要求		
加工工艺参数不合理		
测量方法不合理		

任务5　工作总结与评价

➜ 任务目标

1. 按照椭圆轴加工综合评价表完成自评。

2. 按分组情况，分别派代表展示工作成果，说明本次任务的完成情况，并作分析总结。

3. 就本次项目中出现的问题，提出改进措施。

4. 对学习与工作进行反思总结，并能与他人开展良好合作，进行有效沟通。

5. 举一反三，完成同类型零件的数控车加工。

建议学时：2学时

➜ 学习过程

一、自我评价

表5-16　椭圆轴加工综合评价表

工件编号：_____　　　　　　　　　　　总得分：_____

项目	序号	技术要求	配分	评分标准	检测记录	得分
仿真过程 （10%）	1	仿真软件操作正确	4	熟练程度		
	2	模拟加工设置正确	3	酌情扣分		
	3	程序输入	3	酌情扣分		
机床操作 （20%）	4	正确开启机床、检查	4	不正确、不合理无分		
	5	机床返回参考点	4	不正确、不合理无分		
	6	程序的输入及修改	4	不正确、不合理无分		
	7	程序空运行轨迹检查	4	不正确、不合理无分		
	8	对刀的方式、方法	4	不正确、不合理无分		

项目	序号	技术要求	配分	评分标准	检测记录	得分
程序与工艺（20%）	9	程序格式规范	5	不合格每处扣2分		
	10	程序正确、完整	8	不合格每处扣2分		
	11	工艺合理	7	不合格每处扣1分		
零件质量（40%）	12	ϕ30mm（两处）	8	超差不得分		
	13	70mm	8	超差不得分		
	14	65mm	8	超差不得分		
	15	60mm	8	超差不得分		
	16	30mm	8	超差不得分		
安全文明生产（10%）	17	安全操作	5	不按规程操作全扣		
	18	机床清理	5	不合格全扣		
总分			100			

二、项目检测

1. 通常数控系统除直线插补外还有＿＿＿＿＿＿＿＿＿。

2. 数控加工中，刀具补偿的作用是 ＿＿＿＿＿＿＿＿＿。

3. 数控车床在开机后，必须进行回零操作，使X、Z各坐标轴运动回到＿＿＿＿＿＿。

4. 闭环进给伺服系统与半闭环进给伺服系统的主要区别在于＿＿＿＿＿＿＿＿。

5. 选择加工表面的设计基准为定位基准的原则称为＿＿＿＿＿＿＿原则。

三、教师评价

教师对展示的作品分别作评价。

1. 找出各组的优点进行点评。

2. 对展示过程中各组的缺点进行点评，提出改进方法。

3. 对整个任务完成中出现的亮点和不足进行点评。

四、总结提升

1. 根据椭圆轴加工质量及完成情况，分析椭圆轴编程与加工中的不合理处及其原因并提出改进意见，填入表5-17中。

表5-17　椭圆轴加工不合理处及改进意见

序号	工作内容	不合理处	不合理的原因	改进意见
1	零件工艺处理与编程			
2	零件数控车加工			
3	零件质量			

2. 试结合自身任务完成情况，通过交流讨论等方式较全面规范地撰写本次任务的工作总结。

工作总结（心得体会）

评价与分析

项目五评价表

班级：_____　　学号：_____　　姓名：_____

项目	自我评价 占总评10%			小组评价 占总评30%			教师评价 占总评60%		
	9～10	6～8	1～5	9～10	6～8	1～5	9～10	6～8	1～5
任务1									
任务2									
任务3									
任务4									
表达能力									
协作精神									
纪律观念									
工作态度									
分析能力									
操作规范性									
任务总体表现									
小计									
总评									

任课教师：_____　　　　年　月　日

附　表

附表 1

交接班记录

设备名称：_____　设备编号：_____　使用班组：_____　交接班：_____

项目	交接机床	交接工、量、刀具		交接图样	交接材料	交接成品件	交接半成品件	工艺技术交流
数量、使用情况（交班人填）								
交班人								
接班人								
日期								

附表2

设备日常保养记录卡

设备名称：　　　　　　　　设备编号：　　　　　　使用部门：　　　　　保养年月：　　　　存档编码：

保养内容＼日期	1	2	3	4	5	6	7	8	9	10	11	12	13	14	15	16	17	18	19	20	21	22	23	24	25	26	27	28	29	30	31
环境卫生																															
机身整洁																															
加油润滑																															
工具整齐																															
电气损坏																															
机械损坏																															
保养人																															
机械异常备注																															

审核：

注：保养后，用"√"表示日保；"△"表示周保；"○"表示月保；"Y"表示一级保养；"×"表示有损坏或异常现象，应在"机械异常备注"栏给予记录。